商店叢書 ⑥⑤

# 連鎖店督導師手冊（增訂二版）

宋經緯　黃憲仁/編著

憲業企管顧問有限公司　發行

# 《連鎖店督導師手冊》 增訂二版

# 序　言

隨著現代商業競爭加劇，連鎖業不斷地發展壯大，商業化連鎖成功企業，可謂比比皆是，每個成功的企業都具有獨特核心競爭力。縱觀世界知名連鎖企業，例如麥當勞、肯德基，沃爾瑪、家樂福，他們成功的秘訣就是超強的標準化執行力。

連鎖經營管理的基本原則是四化：標準化，簡單化，專業化，獨特化。而四化之中最主要的就是標準化。標準化在一定程度上是專業化、簡單化、獨特化的體現，因為連鎖的最大特徵之一就是具備可複製性，而標準化是複製的必備前提。因此，可以說標準化就是連鎖企業執行力的源泉，而督導師就是將標準化工作予以落實。

在企業組織架構中，最高的一層是經營層，次高層是管理層，最底層的是作業層，而在管理層與作業層之間的就是督導層。連鎖業的督導層具有提高績效、達成企業經營目標、凝聚員工士氣的作用，督導師在企業內所扮演的角色是非常重要的。

連鎖標準化是指連鎖企業所有各門店為持續性提供統一的商品（服務）而設定的符合連鎖企業文化並提高效率的一系列規範。

連鎖業要想成功複製，首先必須解決企業的「標準化」的問題。督導師就是負責將標準化落實到各門店、各部門，進而落實到每一工作崗位上，是連鎖業統一經營的基本要求，是店面高效、規範運作的基礎，是連鎖企業快速擴張、成功複製的根本，是保障企業持續贏利的關鍵。

　　本書專門著重實務層面的具體運用，上市以來受到企業界的熱列歡迎，在 2015 年 11 月發行增訂二版，編寫撰稿人員增加黃憲仁總顧問師，將全書內容審訂修改，更增加許多著名連鎖企業不對外公佈的實際運作方式，使本書更具備實務性。

　　本書是專門針對連鎖業的督導師，介紹如何督導連鎖店各項業務工作而撰寫。本書通俗易懂，針對具體督導流程、督導方式、督導重點、操作步驟，採用的案例豐富，多個行業的督導師實戰案例，分別從人的服務標準化、物的服務標準化和環境服務標準化等方面，進行詳細督導過程描述，非常適合連鎖企業經營管理人員、連鎖店店長以及企業督導師、諮詢師的參考。

2015 年 12 月增訂二版

# 《連鎖店督導師手冊》增訂二版

# 目　錄

## 第 1 章　督導師在連鎖業的角色定位 / 11

　　督導不僅是店鋪運營的保障者，更是店鋪規範的執行者；不僅是店鋪人員的教練者，更是店鋪業績的創造者和領導者。督導師要先弄清楚自己的職位職能，才能更好地開展工作，明確定位，才能在企業中迅速奠定自己的位置。

## 第 2 章　連鎖業的督導系統組織架構 / 33

　　督導體系是連鎖體系三大支柱(訓練、運營、督導三項目為連鎖體系三大支柱)，有效管控及持續贏利，是督導總部努力追求的

目標，各級督導師就應由專人專職擔任貫徹執行，並由總部督導部統一管理。

## 第 3 章　督導師必須具備的能力 / 59

督導師必須具備相關的能力，督導的管理能力、溝通能力、培訓能力、團隊協調能力、執行能力等，督導如果不具備這些能力，就很難將工作做好。

# 第 4 章　督導師的督導項目工作流程 / 77

　　在企業職場中，要遵守公司規章制度，按照一定的次序來做事，本末倒置，做事沒有一點條理，效率就會低下。督導師要遵循一定的做事規律和工作流程，根據各自的工作特點和側重點的不同，工作項目包括形象督導、商品督導、服務督導、目標督導、人員督導、銷售督導等。

# 第 5 章　督導商店的培訓工作 / 96

　　督導師對商店員工的崗位培訓是一項重要工作。崗位培訓履歷記錄了被培訓者需要培訓的課程、已完成的培訓課程、培訓課程的評估等，以此作為員工發展和晉升的依據。

# 第 6 章　督導商店的陳列管理工作 / 103

店鋪商品陳列是指把商品及其價值，通過空間的規劃，利用各種展示技巧和方法傳達給消費者，進而達到銷售商品的目的。作為品牌與消費者的視窗，商店的形象直接決定消費者是否購買該品牌產品，督導師要對商品的陳列方式加以重視，對於消費者的購物心理有著很大影響。

# 第 7 章　督導商店的衛生管理工作 / 118

商店的清潔衛生管理，是購物環境的重要部份，督導師要督導店面人員依據公司相關制度規範，開展連鎖店清潔衛生管理，為消費者提供清潔、衛生的購物環境，促進消費者形成良好的購物體驗。

# 第 8 章　督導商店的收銀管理工作 / 134

收銀工作的好壞直接影響到績效收益。收銀作業的內容包括：營業前的清潔整理、收銀機的設置與修理、核實商品的銷售價、收款作業、結算和工作後整理等。收銀員作業規範是對收銀

作業的工作內容提出具體要求。

# 第 9 章　督導商店的形象識別系統 / 139

　　CIS 設計應突出本企業特色，豐富企業內涵，引起顧客及社會大眾的注意及聯想。企業識別系統，即 CIS 系統，能有效整合和提升企業、品牌形象，以全方位展示企業整體性實力，從而達到更深層次的吸引消費者的目的。

# 第 10 章　督導商店的商品管理工作 / 158

　　連鎖業的商品，是其得以存在的前提，更是其獲得利益的根本來源，對於督導師來說，要管理好商品，對商品有足夠的瞭解和熟悉，並隨時隨地能夠把握商品的流向，最終實現銷售更多商品的目的。

## 第 11 章　督導師要執行店鋪管理 ／ 174

督導師要實地巡視商店，可以全面地瞭解店面的情況；推行專題活動方案，執行駐店作業，能有效跟進、監督改善方案的執行情況，作為一個有責任心的督導，對於每天的店鋪管理工作細節都要留心。

## 第 12 章　督導師的溝通技巧 ／ 190

督導師要注意商店的需求、員工的需求和客人的需求，掌握適當的溝通技巧。溝通是督導師與員工分享訊息、想法和感覺的過程。溝通良好時，好意見能夠自由地在員工之間自由地流通，商店的發展也就更順利。

## 第 13 章　督導師的時間管理技巧 / 212

時間管理是一種技巧，安排好時間，就能從容、高效地達到工作目標。對督導師而言，時間管理也就是自我管理，讓督導師有效地運用時間去處理有價值的事情。

## 第 14 章　督導師的執行標準 / 225

連鎖業一定要根據企業規範要求，建立嚴格的門店督導標準，利用督導去監督標準的實施，最終提高企業的執行力。

## 第 15 章　連鎖店區督導的輔導項目 / 244

連鎖總部對於分店的營運須加以輔導協助，以利迅速進入穩定經營；督導師是連鎖總部與連鎖店營運之間的橋樑，主要是協助總部管理與控制業務，落實總部的決策規劃，並監督、指導連鎖店的運作。

# 第 16 章　連鎖餐飲業的督導 / 265

餐飲業是一種人性化的服務業，服務品質的好壞直接影響到經營效果，而服務品質是由餐館員工創造出來的，所以督導師要對連鎖餐飲員工的服務品質與數量負責，同時也滿足員工的需求，對他們進行激勵和培訓，使產品和服務品質得到保障。

# 第 17 章　督導管理辦法 / 280

為了維護連鎖業品牌形象，加強運營標準管理，規範運作，不斷提高效益，實現連鎖經營的高度統一，必須制定適合的管理辦法，指導連鎖店的經營行為和活動的規範，通過有效的貫徹執行，使企業實現目標。

# 第 *1* 章

# 督導師在連鎖業的角色定位

　　督導不僅是店鋪運營的保障者，更是店鋪規範的執行者；不僅是店鋪人員的教練者，更是店鋪業績的創造者和領導者。督導師要先弄清楚自己的職位職能，才能更好地開展工作，明確定位，才能在企業中迅速奠定自己的位置。

　　督導在企業中扮演著什麼樣的角色？起著什麼樣的作用？處於什麼樣的地位？身在職場，只有明確了自己工作的目的和自己所處的位置，才能樹立更明確的工作目標，更好地為企業工作。作為督導要先弄清楚自己的職位職能，才能更好地開展工作。正所謂定位決定地位，也只有明確自己的定位之後，才能在企業中迅速奠定自己的位置。

## 一、督導在企業中的角色定位

　　既然作為企業中的一個不可或缺的職位人員，督導必然要承擔著企業的一定使命，與企業一起來完成某項或者多項工作。那麼在

完成這些工作的過程中，也就不可避免地要扮演一些特定的角色，以利於工作的更好開展和進行。根據督導的實際工作內容和特點，大致需要扮演以下幾種角色。

## 1. 中層管理者角色

督導的工作是負責把企業的高層與基層聯繫起來，指令終端店鋪的人員有效執行高層管理的政策和目標，並將相關資源整合，以完成企業不同階段的目標任務，起著一種承上啟下的作用，是執行力的關鍵要素。就像機械運作中相互連接的「螺絲釘」，雖然小，但發揮大功效。沒有這個「螺絲釘」，所有的機器都無法正常運轉；沒有這個「螺絲釘」，工廠無法正常開工生產。

因此，督導人員能夠將品牌企業的戰略措施執行到每個銷售一線，將品牌企業的核心文化滲透到每個銷售細節，將品牌的內涵傳達到終端的消費者，將終端市場的變化隨時像「感測器」一樣，敏銳地上傳到品牌企業的高層。

作為中層管理者，督導的管理職能與高層和低層是存在區別的，其需要更注重對終端店鋪的計劃、控制、領導與激勵團隊。例如：在終端店鋪中，就要更多關注企業產品的銷售狀況與趨勢，分析制訂季、月、週、日的銷售計劃，隨時監控商品調配、店面陳列、促銷活動的開展等，並以「教練」的角色帶領終端銷售團隊。當然，相對於高層和低層，督導的管理技巧比重在「技術、概念、人事」上，幾乎各佔 30%。

也就是說，作為督導人員，處於既需要動手實際操作執行，又需要動腦思考指揮；既要行動又要思維的管理狀態。這種狀態是督導的職業生涯走向高層的必由之路。所以，在這個階段，督導在管理技巧上思考戰術會比較多一點，不斷地在實踐中總結、提煉會比

較多一點。

## 2. 協調者角色

從企業內部上下的管理線條來看，督導既要盡力完成代理商或者企業上級部署交代的任務，又要根據任務計劃安排經銷商操作執行；既要匡扶經銷商有效地工作，又要爭取企業或者代理商的信任與支援。所以對於下屬員工而言，督導代表著管理方、權力、指令、紀律、提高收入及晉升。對企業或督導的上級而言，督導是他們與基層員工和具體工作之間的紐帶，同時督導還代表著基層一線員工的需要和要求。

從企業對經銷商的左右合作線條來看，既要監督經銷商的操作規範與執行效果，又要幫助經銷商給予總部的政策和相關支持；還要調和總部與經銷商之間的矛盾，幫助他們結為「夫妻」，並維繫有效的「婚姻品質」。

在現實的督導工作中，經常能聽見經銷商對總部有許多抱怨，諸如：「原有的優惠退換貨政策取消了，將經營風險更多轉嫁在終端經銷商身上」，「總部提供的行銷支援力度不夠」，「總部的物流速度太慢、品質太差」，「總部對市場的廣告宣傳和促銷活動的政策不好」，「總部對經銷商的服務支援不夠」等。當然在此合作過程中，總部對經銷商也頗為不滿，例如：經銷商的回款數量少、比率低；政策的執行力度差；在品牌上的維護宣傳程度低；對店鋪的服務水準、形象維護不力等。

由於經銷商與總部是處在市場生態鏈的兩個不同層次，既有共同的利益目標，也會產生利益衝突。所以，往往會出現「店大欺客」、「客大欺店」的現象。其實從兩者的利益分析，可以知道，他們之間總是在不斷磨合中尋找平衡點，調整合作方向與策略。

因此，作為中間調和者的督導所需要做的，就是儘量平衡上下左右的協調性，掌握現實條件下的平衡支點。

### 3.信息收集與傳遞者角色

由於督導在終端進行監控與指導的工作，因此，客觀上形成了督導對實際市場的狀況、競爭品牌的情況、銷售趨向、促銷活動、本品牌終端的運作水準等資訊瞭解深透。同時兼而具備總部管理層面的思想與策略，對本品牌的內涵、企業文化、發展規劃等也瞭若指掌。

所以，在信息的交流中，督導起到的是信息收集和傳遞者的角色作用。

總之，作為督導，在企業中負有不可或缺的責任與義務，其崗位職責決定了他要扮演的各種角色，而既然選擇了督導這一職位，就有必要扮演好所需要的角色，就像電影演員那樣，演誰像誰，這才算是一名合格的督導。

# 二、督導的工作

在企業的店鋪中，發展到一定規模的企業都會在終端環節設置一個督導的特殊職位，它既不同於店長的地位，但是又和店長一起在負責著一些終端店鋪的管理任務，並對店長的工作有一定的監督和指導作用。從意義上來說，督導的概念應該按照其本身具有的含義，即「監督與指導」這個角度來進行理解。

具體來說，督導在企業終端運營過程中究竟有著怎樣的一種作用呢？

## （一） 督導是聯繫上下級工作的紐帶

對於企業來說，督導的工作就是為了承接上下級工作的需要而設立，是為了監督下級工作，向上級彙報下級的工作而設。但實際上，督導更主要的工作是為了管理和把控市場與終端的正常運營，是作為市場和終端的掌舵者而存在的，更多是為了將上級的政策和意圖更好地傳達到終端，以使終端店鋪能夠更好地、更順暢地運營起來。而從更廣泛意義上來說，督導還要對加盟店、客戶及員工盡義務，所以具有一種承上啟下的地位。

對於終端的員工而言，督導代表著上級管理者、權力、指令、紀律、休假時間、提高收入及晉升等。而對加盟店或督導的上級而言，督導是他們與員工和具體工作之間的紐帶，代表著生產力、成本、人工效率、質量管理、客戶服務等；同時還代表著手下員工的需要和要求。一旦員工有什麼需求的話，是需要通過店長然後向督導傳達的，在一定範圍內督導有決定取捨和向上回饋的權利與義務。而對顧客而言，督導所負責的終端的產品和員工則代表著整個企業。

## （二） 督導負有不可推卸的三方義務

對於一個督導來說，由於其本身職位的問題，也就決定了它本身所要承擔的義務，而這些義務同時又是不可推卸的，需要督導人員去切實履行的。具體來說，督導所負的義務主要包括三個方面。

### 1. 對加盟商的義務

既然是終端督導，其所要負的主要義務自然是對經銷商的義務。

⑴做好本職工作。對於督導個人而言，這份工作首先是由代理商或者上級企業賦予的，一旦賦予其身，則經銷商的生死存亡都與其有不可分割的關係。另外，督導之所以被如此安排，最終目的都

是為了代理商及企業利益的獲得。督導工作完成的好壞將直接影響到他們的利益的獲得與否。從這一點來說，做好本職工作是督導對經銷商應當擔當的最基本也是最主要的義務之一。

⑵高效完成代理商或上級企業所授予的工作。督導本身的工作是為了更好地聯繫和傳達上下級之間的信息，為了下級更好地完成上級交代的工作。所以，當代理商或者企業交代一件工作下來的時候，對於督導來說，最大的目標就是如何讓經銷商完成代理商下達的任務指標，使其儘快產生效果和效益。

⑶將基層員工和客戶的要求傳達給代理商或者上級企業。由於與員工和客戶的日常接觸比較頻繁，督導還有義務把員工、客戶的要求彙報給代理商或者上級企業，以便讓上級或者部門根據一線人員實際遇到的問題，進行相應的調整或者改變，以更好地適應市場的要求。

## 2.對客戶的義務

對督導來說，下屬的每一個經銷商都是他的客戶，每一個新加入的品牌夥伴都是他的客戶。既然是客戶，督導就同樣負有對其進行指導和協助的義務，具體包括：

①新店開業的全程協助；

②日常營運管理的協助(人、貨、場)；

③經銷商日常培訓工作的協助。

## 3.對員工的引導、管理、激勵義務

對於督導來說，每一個加盟店的員工就是他的員工，甚至包括店長也在他的領導之下。所以督導不僅有協助店長管理店鋪的義務，還要幫助店長一起對員工進行管理和引導。每一名員工的技能的提升、業務技巧的培訓、激情的帶動無不與督導有密切的聯繫。

是否能為員工創造一種使他們感到自己被接納、被認同，具有公平性、歸屬感的開誠佈公的工作氣氛，這是一名優秀的督導必須做到的。如果一味地以高壓、嚴格的管理手段來達到管理員工的目的，對於企業來說，顯然已經不能適應和有效。創造一種能使他們心甘情願為企業付出的工作氣氛，才是激發員工激情和動力的根本。而這不僅是義務，也是督導自身工作的需要。

## （三）不可或缺的督導

根據對市場的一項調查，消費者在到達零售終端店前就計劃好購買何種產品的僅佔 30%，70%的消費者是在銷售終端臨時決定購買何種產品以及購買的數量的，在已有購買計劃的消費者中，又有13.4%會因某種因素的變化更改原來的購買計劃。因此，作為致力於終端銷售的企業來說，不僅要注重對終端的建設與維護，更要經常性地進行市場督導工作。

由此可見，督導在整個行銷工作中是非常重要和必不可少的。然而，有些中小企業卻僅僅為了節省費用，沒有建立督導機制。而一些企業即使是設立了督導崗位，也往往形同虛設，一直做著臨時救場的工作，即感覺某個市場有問題了，就趕緊派人奔赴那個市場去督導，而沒有把督導行為轉變為一項長期的制度而有計劃、有步驟地進行。

督導工作是對終端結果的檢查，是協助店長發現問題、解決問題的有力補充，也是配合店長共同實現對終端店的業績負責的重要角色。

## 三、督導在企業中的工作定位

督導師在企業終端中的具體定位，取決於企業的業態發展、市場成熟度、核心競爭力、經營理念、店鋪性質(直營或加盟)、店鋪數量、店鋪分佈半徑、發展規劃等因素。

一般而言，企業會把督導師崗位放在營運部，其直接主管為營運部經理，主要擔負監督經銷商的管理規範、強化加盟店鋪人員的工作技能、促進銷售業績提升等職責，擁有對管轄範圍內所有經銷商相應的監管與處罰權力。

對於督導來說，其在企業中的地位主要體現在以下兩個方面。

### 1.督導在企業管理層中的位置

在企業的組織體系中，管理人員大致可以劃分為三個層次：經營、管理和執行。

經營層指企業最高決策層，如總經理、董事長，負責企業戰略的制定及重大決策的拍板。

管理層指企業中間協調人員，如廠長、處長、部長、科長、工廠主任等，負責各層級組織和督促員工保質保量地完成經營管理層制定的各項生產任務。

執行層是指企業基層幹部，也就是一線的管理者，如督導、店長、店長助理等，負責具體執行企業的各項規章制度和命令，監督指導基層員工完成工作任務。

無論企業的組織如何變革，執行層級的督導職責永遠是非常重要的，而且其重要性還在與日俱增。組織的扁平化趨勢讓決策者逐漸傾向直接與基層人員溝通，這將使一線管理者的督導責任更加重

大。同時，他們也可能是最接近顧客的一群管理人員，其素質高低將會直接影響到企業的聲譽好壞。

## 2.督導在企業體系中的位置

負有督導職責的人員既是企業第一線工作的參加者，又是最基層的管理組織者。在管理層和員工共同組成的整個企業系統中，督導處於一個身份重疊而且地位關鍵的特殊位置——兵頭將尾，是承上啟下的橋樑，是主管與員工之間溝通交流的紐帶。

面對部下時，他們要站在經營者的立場上，用領導者的口吻來說話。面對經營者時，他們要站在部下的立場上，用部下的口吻來說話。面對直接上司時，他們又要同時兼具部下和上級參謀的雙重角色，說話時要考慮到經營者和下屬的雙重利益。

# 四、督導的工作職責

督導在整個企業中扮演著一個中層管理者的角色，實際上，在整個終端環節，督導其實就相當於扮演最高管理者的角色。作為最基層的最高管理者，督導自然也要為終端的一切運營負責。督導不僅是店鋪運營的保障者，更是店鋪規範的執行者；不僅是店鋪人員的教練者，更是店鋪業績的創造者和領導者。這些角色，都是在其工作職責內所要承擔的工作責任。

從事督導工作，必須首先理解督導工作的職責與範圍，要認識到理解督導工作的職責對勝任督導工作的重要性。企業也應該加強對督導員的培訓和考核，使其具備相應的工作能力和專業知識。

· 根據特許經營運營手冊對加盟商的營運能力進行監督、檢查和回饋。

- 對加盟店合約的執行情況進行跟蹤、檢查，發現問題及時回饋。
- 對特許經營的 VI-SI 在各加盟店的使用情況進行常年監督、檢查，發現問題及時糾正並回饋。
- 對加盟商統一組織的或加盟店自行組織的促銷活動進行、檢查、評估、協助及回饋。
- 對加盟店執行其他加盟相關管理手冊的情況進行監督、檢查，發現問題及時回饋。
- 協助總部營運部、企劃部各項工作的落實。
- 根據總部的培訓管理手冊組織、執行對相關部門及人員的各項培訓，並根據加盟店、客戶經理或其他部門的實際需求組織開展有針對性的培訓活動。
- 對所檢查的結果與相關人員進行溝通，協作制定整改方案並監督檢查整改結果。
- 對本部門的各項文案、數據及時進行填報、整理、歸文件。
- 完成上級交付的其他各項工作。
- 對區域市場上的各類數據、信息進行有效的收集、整理、匯總、上報。
- 對督導工作進行總結，提出整改意見和完善特許經營體系的建議。
- 計劃並完成本區域的營運目標。
- 實施區域目標管理，隨時掌握業績進度與動態。
- 區域門店按照所有統一類別的標準進行核查與促進。
- 督促特許人制定的各項營運規範在各門店的執行。
- 完成區域各門店的績效評估。

· 瞭解各門店的經營情況，分析各種經營指標的異常。

· 制定區域及各門店的業績提升策略。

· 規劃、執行區域促銷、公關活動。

· 指導與評估各門店的特殊性促銷活動。

· 區域營業競賽的規劃與實施。

· 組織落實區域性教育培訓計劃。

· 區域負責人與加盟商會議的組織與召開。

· 及時將特許人政策、各項營運目標傳達給各門店。

· 及時回饋門店與市場的情況。

· 提供有參考價值的建議或評估報告。

· 保證特許人的政策規章在區域內實施的一致性與連貫性。

· 幫助、指導加盟商提升加盟店的業績和提高營運能力。

· 與加盟商進行協調與溝通。

· 監督加盟商的經營行為。

· 促進加盟商與特許人之間的溝通，保持良好的溝通管道。

· 協助制定加盟商發展規劃。

· 督促加盟商履行特許經營加盟合約、協議。

· 及時通報並處理加盟商違規行為。

· 協調並促進加盟商之間的關係。

· 維護特許人與加盟商的共同利益。

## 五、督導師是店鋪運營的保障者

對於督導來說，其不僅要負責終端市場的產品拓展，也同時要負責所轄區域的店鋪的具體運營管理，負有協助店長和員工們一起

將各項管理工作做好的義務。

　　督導的最基本職責就是監督和指導終端的經營，促使其業績的提升。那麼，對於終端店鋪而言，他實際上就是比店長更高一級的核心人物。其能力的強弱，管理的是否得當，將直接影響到店鋪的運營業績。所以，從這個意義上來說，督導代表著店鋪運營的保障者的身份。他要對店鋪的一切運營負有直接的責任。

　　督導需做那些工作，來保障店鋪的正常運營呢？

　　要使店鋪正常運行，必須做好下列的監督工作：店面衛生、貨品陳列、導購儀容儀表、現場體驗等。這些方面囊括了品牌企業終端店鋪運行的主要的表面特徵，便於對店鋪進行考察評估與掌控。

　　對於一個店鋪來說是最基本的也是至關重要的，對這些方面的操作與管理的好壞，直接反映了店鋪的整個管理與運營的狀態及水準，在某種程度上甚至決定著一個店鋪的興衰。所以，從這個角度來說，督導無疑負擔著店鋪運營的保障者的職責。

## 1. 商品陳列

　　陳列是通過實物與視覺的感官體驗，向顧客展示、傳達使用商品的方法。如今，商品的陳列技巧與方法非常豐富，很多大品牌都有自己的陳列特色與屬於自己品牌的陳列理念。每個品牌的終端店鋪的陳列的基本要求都有很多，不能一一列舉。因為陳列的風格與審美的標準千差萬別，很多是沒有具體指標的，難以做到量化的，為了便於操作，我們將其簡化成基本的幾條：

　　①樣品或者貨架組合搭配是否得當、合理；

　　②展品是否定時更換；

　　③陳列細節是否做到位；

　　④有無明顯違背陳列要求禁忌的現象。

其中，每一條都包含著很多細節內容，需要督導在實際操作中進行把握和應用，例如「陳列細節是否做到位」，此條要求考察的是陳列的細節，包括貨架上面不能有閒置的貨物，樣品必須平齊等。「有無明顯違背陳列要求禁忌的現象」的內容與要求很多，則要求督導具備更多的專業知識。

### 2.店面衛生

店面的衛生狀況是對一個店鋪購物環境的限定，清潔的賣場將提升顧客消費慾望、延長顧客逗留時間，進而提高成交率的基本要求和保證。店面衛生大致包括三個大的方面，有賣場區衛生、收銀區衛生以及門前門面和模特區衛生。督導在考察中，只細化到地面有無紙屑這樣的細節其實還遠遠不夠。店鋪可以增加更加詳盡甚至苛刻的衛生標準，力爭做到窗明几淨、一塵不染、空氣清爽，讓顧客耳目一新、流連忘返。

### 3.店員儀容儀表

對一個品牌店鋪來說，店員的形象其實就是產品的形象，店員的形象與店鋪的裝修、產品的展示、品牌的文化訴求一起，交相呼應，形成了品牌整體影響力與視覺的衝擊。因品牌定位不同，銷售產品的風格不同，對導購的儀容儀表的要求會有所不同，但是基本的要求是相同的，那就是統一、整潔。在細節方面督導還要仔細監督。例如有的店鋪就規定導購不能戴誇張的首飾，不能塗指甲油等，工牌工裝要整齊統一，這就應包括襪子是否統一、鞋子是否統一等細節規定。而只有在細節上做完美了，才能體現品牌形象的嚴整，這些也是所有品牌店鋪對店員形象與儀表儀容的基本要求。

### 4.現場體驗

現場體驗是體現店鋪現場經營真實情況的指標，具有隨機性和

現場性，是對店鋪的綜合考察。督導要掌握每個要點以對下屬進行指導。例如「對貨品熟悉程度」、「是否流利、得體地回答顧客提問」就是要考察現場店員在和顧客進行交流的時候，是否表現出了專業和自信，是否有扎實的貨品知識基本功，是否有相應的推銷技巧和一定的語言表達能力等。店員應該在距離顧客三米左右的距離致歡迎用語，離顧客太近了顯得唐突，超過了顧客的心理抵禦距離，遠了顯得不熱情，還容易造成顧客不知道你是向誰致意的錯覺，效果都不理想。另外對聲音，語調和表情都有詳盡專業的規範，這也是我們的督導需要掌握和做到的。

考察後，要以考察的結果為依據對店鋪的店長與員工進行獎懲，只有進行獎懲才能鼓勵先進，鞭策落後，因為店鋪督導是一項長期的經常性的工作，不可以指望一朝一夕就解決問題，獎懲措施也更宜春風化雨，細水長流。一些品牌企業店鋪可以依據自己的情況做合理而實用獎懲的設計。

# 六、督導師是店鋪規範的執行者

對企業來說，實現企業的預期目標，並將之切實執行到位，必然要為此制定一系列的規範和措施，使得員工在執行的過程中有依據和衡量的標準。

作為督導來說，不僅要協助企業來制定這些規範，更要保障規範執行和完成。因為並不是有了規範就能保證其得以不折不扣地執行下去的，這裏面還需要有一級級的管理者來加以督促和管理，才能更好地執行下去。而督導作為企業終端利益實現的關鍵，擔負著終端店鋪的所有運營工作，包括對人員的管理，對規範和政策的遵

守與執行等，要讓終端規範和政策能夠很好地執行下去，僅靠上級賦予的權力是不夠的，還要首先成為一個良好的領袖，能夠帶動大家一起來完成這些政策和規範的能力。要做到這些，則需要從以下幾方面來落實。

## 1. 在店鋪運營中做出正確的決策

決策是關係到一個店鋪運營是否有效、是否能夠盈利的關鍵，甚至有時候關係到一個店鋪的生死存亡。雖然在一些大的方面的決策是由上級代理商或者企業來決定的，但是具體到一個店鋪的運營細節方面，一些促銷方針的決策以及人員的管理、貨品的安排等，還需要督導來直接做出決策。而這些決策的有效性是影響到整個店鋪經營的關鍵。

要保證決策的正確，作為管理人員，督導首先必須有良好的技術指導及經驗，瞭解企業和代理商的決策，並能夠深入理解其決策的真正含義，不能誤讀或者出現理解錯誤的情況。另外還要關懷下屬，同時預知下屬的反映，有解決問題的技巧，才能正確地做出決定。

## 2. 激發引導下屬

一切規範的執行並非制定好了，命令下去了就能讓員工心甘情願地執行下去了嗎？為什麼經常會出現令出不行、消極怠工的情況？那是因為在員工的心中還有一些問題沒有解決的緣故。員工的工作是否稱心，員工的積極性有沒有被激發出來，這是上級政策和任務能否順利執行和完成的一個很重要的環節，不容跳過。那麼作為督導來說，應瞭解用何種方法最能引導及鼓勵員工，讓員工有機會滿足其需求，給員工責任感及自由去完成工作，亦應注意對何種人及什麼情況下應用壓力以達成工作目標。通過各種手段和措施激

發起員工的工作積極性，從而帶動工作的完成、目標的順利實現。

### 3.能夠控制局面

作為督導人員，要做好策劃工作，為店鋪經營訂下目標和完成標準，要求員工達到工作的需求。另一方面，還要儘量避免下屬犯錯誤，同時對下屬非原則性的小過失予以寬容，並在具體的工作中做到賞罰分明，維持工作紀律及解決一切怨憤，解決屬下間的矛盾等。因此督導應瞭解一切有關的情況，熟知公司的方針、政策、制度和要求標準以及實務操作知識。

### 4.以身作則，做員工的好榜樣

規範的執行順利與否，實際上往往與傳達和制定規範的人有很大的關係。有句話叫上行下效。雖然說的是一些不好的行為容易被下屬模仿，從而形成不正之風的意思，但是也可以從另一個角度來理解這句話，即如果上級能夠很好地執行所訂立的規範，那麼當它傳達到下級員工那裏，要求他們去執行的時候，自然就不需多言，能夠很好地執行下去了。因為主管自身已經先一步做出了示範和榜樣，員工即使再有不滿和怨言也無話可說。這就是作為管理者以身作則的作用。

有時聽到很多督導抱怨說，自己所管轄的經銷商和店鋪內員工不能很好地執行公司制定的業績目標，不能順利地完成店鋪制定的銷售任務，不能聽從管理人員的管理等，或許在這裏與規範和政策的不合理有一定的關係，但是更應該與管理者不能以身作則、不能先從自己做起、對自己要求不嚴格有一定的關係。督導只有以身作則，對工作負責，自身做到服從上級，才能讓作屬下的服從你的管理，執行店鋪和上級指定的規範和政策。

### 5.堅持公平管理原則

督導應忠實及信守承諾，對做出業績、工作出色的員工應加以特別表揚和獎勵，對不良現象要給予糾正，要公平對待每一個員工，不可偏袒任何一方，更不應出賣下屬以建立自己的威信。

這個世界上沒有絕對的公平，但是相對的公平總是有的，這就在於管理者如何來使用和執行這一公平原則了。管理者要對每個員工的表現了然於胸，這樣才能做到及時發現表現好的以及不好的員工，並及時地予以表揚和批評，體現出公平原則。也只有做到了公平，員工才能忠實地、毫無怨言地更好地協作做事，為店鋪業績的完成齊心協力。

## 七、督導師是店鋪的教練員

作為連接員工和管理部門之間紐帶的督導，企業和上級代理商們可算是對其寄予了厚望。因為通過督導的有效管理，可以在一定程度上提高店鋪業績，改善產品品質和店鋪的服務品質，並起到鼓舞員工的工作士氣的作用。所以，從這個意義上來說，督導實際上在扮演著終端店鋪的教練員的角色。他不僅是指導團隊獲勝的教練、口頭指導的教練，更是一切有關員工發展和職業發展的教練。

作為督導人員，具體如何承擔起店鋪教練的任務呢？

優秀的督導，或者說是成功的教練，首先應該是一位合作者，要因為擁有某一特定領域的技能而受員工尊敬。一個教練型督導能夠在發現某個員工的激勵因素的基礎上，找到獨特的方式與員工溝通，幫助員工獲得成功。教練型督導就是這樣逐漸地改變著整個組織。

教練工作要想見成效，需要員工的全力以赴。教練使得員工能夠發揮出他們的潛力，使得他們能夠達到自己、團隊和企業所設定的目標。只有當督導和員工獲得了成功，店鋪才能獲得成功。督導要想令人更加振奮，就應要求員工更加全力以赴。

教練能夠使員工從一味順從、隨波逐流、從不挑戰權威，變成全力以赴——必要的話，還能夠與眾不同甚至堅持創新。只有當員工個人的目標和店鋪的目標相吻合，全力以赴才有可能出現。如果上述兩種目標相吻合，那麼美好前景將會向督導招手；而如果上述兩種目標相抵觸的話，那麼這時則需要教練將二者有機地融合在一起。教練將把店鋪的需求和期望告訴被教練的員工，並說服員工全力以赴。

## 八、督導師需要具備的基本形象素質

作為企業中一個不可或缺的角色——督導，必須瞭解為了做好相應的工作所應具備的內在基本素質。素質決定品質，更決定企業的形象和聲譽，決定產品的銷售，甚至決定企業的發展。所以，督導同樣要具備一些基本的素質才能將自己所承擔的工作做好。

在人際交往中，交往對象對自己發自內心的好惡親疏，往往都是根據其在見面之初對於自己形象的基本印象「有感而發」的，這種對他人形象的觀感除了先入為主之外，在一般情況下還往往一成不變，其作用不可謂不大。

日本松下電器創始人松下幸之助一次到銀座的一家理髮廳去理髮。理髮師對他說：「你毫不重視自己的容貌修飾，就好像把產品弄髒一樣，你作為公司代表都如此，產品還會有銷路嗎？」一席話說

得他無言以對，以後他接受了理髮師的建議，十分注意自己的儀表，並不惜破費到東京理髮。

要強調的是，督導因其自身的職業特點，他的形象既不同於演員，又不同於普通人。演員的化妝、髮型、服裝可以追求個性，可以用誇張的髮型，可以濃妝豔抹，可以奇裝異服，而督導則不可以。督導化妝過豔、髮型怪異都會有失其職業的體統。反之，督導又不能混同於一般員工，不能如一般員工那樣隨意著裝、休閒、自由。因為你在工作，要突出自己的職業性、服務性。

對督導來說，完美的職業形象實際上是各項內在素質的綜合體現。就例如一個連基本的審美眼光都沒有的人，即使他再怎麼在意打扮，再怎麼去刻意化妝，也不能使其看起來有多完美、得體，相反，甚至有可能因為穿著過於俗氣，搭配的不和諧造成貽笑大方的結果。

要塑造一個完美的職業形象，需要從那些方面做起呢？

## 1. 良好的修養決定督導的所作所為

一個人的內在修養往往能夠很大程度上影響其所作所為，體現在工作和生活中的一言一行上。而所謂修養，可以是指一個人的知識涵養，也可以指一個人的生活閱歷，假如這兩方面都很欠缺，那就需要通過職業化的學習來得到。只有具備了這些，你才能真正做到有所作為，有一個完美的體現，並給業務員、給顧客、給所有與你打交道的人一個體面、完美的形象展示效果。

## 2. 點滴積累養成得體的言談舉止習慣

得體適度的打扮、乾淨整潔的外表、由內而外的個人氣質的培養，這些都是靠平時的一點一滴的積累形成的。假如一個人平時不洗澡、不理髮，生活邋遢，並且化妝和著裝時太隨意，或濃或淡，

或太個性化等，都會影響到個人形象問題，給外人一個很壞的印象。

### 3.開朗與堅忍形成督導的優良品格

(1)擁有積極的性格。無論任何事情都積極地去處理，無論何時都可以面臨任何挑戰，從不躲避困難。

(2)擁有忍耐力。店內的活動能順利進行的時候很少，而辛苦的時候和枯燥的時候卻很多，所以有耐心地進行正常的活動是很重要的。

(3)擁有開朗的性格。用開朗的笑容面對工作，店內的氣氛是否輕鬆和明朗，店長與督導的情緒很重要。

(4)擁有包容力。雖然對同事、下屬的失敗或錯誤要注意，但是不可常常提起。為了提升他們，督導可以給部下時間緩衝或進行勸告，但是不可太過尖銳。

### 4.知識塑造修養，魄力影響形象

我們常常可以看到，很多人看似很平常，但是其身上總是有一種說不清的氣質在吸引著你，而那就是知識的魅力。一個擁有廣博知識的人與沒有知識的人坐在一起，高下立見。而一個人有沒有魅力，也往往能夠給人一個不一樣的印象。所以，要想成就自己的完美形象，還要做到儘量汲取和擁有廣博的知識，並不斷提高自己的決策能力。

①能觀察出消費者變化。

②對於行業發展變化及流行趨勢方面有自己的認知。

③具有關於產品經營技術及管理技術的知識。

④瞭解公司的歷史、制度、組織和理念。

⑤瞭解相關的交易商、進貨商、來往公司等。

⑥具有關於教導的方法、技術的知識。

⑦具有關於店鋪的計劃制定方法的知識。

⑧具有計算及理解店內所統計數據的能力。

⑨掌握關於零售業的法律知識。

### 5.最具說服的工作力

一個人最大的魅力來自那裏，很多人應該對此都有一定體會：當一個人工作能力很強的時候，你會發現他的身上總是散發著讓你敬佩的魅力，他的形象在你心中馬上就高大起來了。這就是工作力的影響力。具體來說，工作力包括以下幾點。

①擁有優良的推銷技術及說服能力。

②對於銷售的商品擁有很深的認識。

③擁有能良好處理人際關係的能力。

④擁有指導部下的領導能力。

⑤能對各種狀況做適當的處理。

⑥體現公司的文化。

總之，一個人的完美形象是一個人內在綜合素質的反映，單靠一個方面是不夠的，也是不完美的，而是需要全面培養。這需要督導進一步努力才行。

## 九、督導的職業素養要求

督導是需要隨時不斷指導與培訓終端經銷商以及所有店鋪人員的，所以必須具備非常專業的知識並對零售終端行業的歷史沿革、目前狀況、競爭格局、發展趨勢、核心要素等方面比較瞭解。這樣才能在與經銷商的交流和對店鋪人員的輔導過程中，使別人聽從你的指揮與安排。

有什麼樣的工作態度就有什麼樣的督導人員，態度決定一切，積極的態度也成了督導的工作能夠否成功的一個保障。

所以，督導首先要熟悉並管理好自己所承擔的工作，要認真管理培訓店員、改善工作方法等；其次要解讀員工。

心得欄 _____

_____

_____

_____

_____

_____

# 第 *2* 章

# 連鎖業的督導系統組織架構

> 　　督導體系是連鎖體系三大支柱(訓練、運營、督導三項
> 目為連鎖體系三大支柱)，有效管控及持續贏利，是督導總
> 部努力追求的目標，各級督導師就應由專人專職擔任貫徹執
> 行，並由總部督導部統一管理。

　　督導部是一個對企業連鎖門店的工作進行監督指導、提升連鎖
店綜合運營能力、增進資訊週轉與交流、提升並維護連鎖門店服務
形象統一性的服務組織。

## 一、督導系統的組織結構

　　督導體系是連鎖體系三大支柱(訓練、運營、督導三項目稱為連
鎖體系三大支柱)之一，其依據連鎖店營運模式、標準，利用專業方
法進行監督、控制和評估，並在督導總部的統一指揮下由專業的督
導人員貫徹執行。此外，鑑於連鎖店分散於全國各地，總部督導人
員無法一一兼顧，及時掌握各級連鎖店情況，因此各區域督導人員

的設置是完全必要的。

對於處於初期階段的連鎖企業來說，可以通過設立的各區域經理暫時履行區域督導師的工作職責；但是一旦連鎖店在全國各地遍地開花，有效管控及持續贏利將是總部努力追求的目標，此時各級督導師就應由專人專職擔任，並由總部督導部統一管理。企業的連鎖督導體系的組織結構設置如下：

總部督導主要職能：(1)對各分公司、各區域的督導系統進行有效的指揮、指導、管理、監督與控制等；(2)對各級督導人員進行有效的檢查、評估與考核；(3)對業績表現突出或存在問題較多的各分公司或區域的連鎖門店進行巡查、指導或暗訪，收集、整理、分析相關資訊，以便在全網路中進行成功借鑑，對存在的難題進行科學分析，整合各部門資源進行協調處理。

分部督導主要職能：對所轄區域的連鎖門店的各種運營行為及運營活動進行有效的監督與指導。

門店督導主要職能：對所在門店的所有運營行為及活動每天進行有效的監督、管理和指導。

「影子顧客」：即神秘顧客，是指公司總部聘請的、經過專門培訓的購物者(調查員)。其以顧客的身份、立場和態度來對連鎖店的服務、業務操作、員工精神面貌、商品品質及門店陳列等方面進行客觀的監督與評估、資訊回饋。

第三方督導：由公司總部聘請的、對連鎖及零售企業有督導經驗的顧問機構，即第三方督導。其對企業的整體運營行為及運營活動進行全方位的診斷，通過第三方的監督與評估把相關企業運營資訊進行匯總、分析並提出整改建議。一般在企業需要升級或進行整改時才請第三方進行督導。

## 二、督導部經理的工作崗位說明書

### 1. 工作概要

直接受運營總監或運營副總經理的領導，負責監督各分公司、各區域、各門店的運營行為與運營活動是否符合公司要求的標準與規範，並及時提供幫助與指導，對違規或不利行為進行糾正或處罰；同時負責監督總部各部門對連鎖門店服務的針對性、及時性和有效性，調查連鎖門店的滿意度，向對應部門回饋合理化建議；負責對督導部各督導專員工作的監督、管控、審核及指導等。

### 2. 工作內容

⑴負責對公司各商店的運營行為、運營活動的監督、指導、糾正、回饋及建議；

⑵向公司總部回饋門店一線各項建議，並協調各部門及閘店的工作配合；

⑶為連鎖店人員各項技能的提升收集與編訂各類培訓學習教材、參與培訓工作，並組織各項技能測試；

⑷向公司回饋督導部的各項工作成效；

⑸和部門內和門店傳達公司總部的工作精神和各項政策，傳播企業文化；

⑹負責監督各分公司、各區域、各門店的運營行為與運營活動是否符合公司要求的標準與規範，並及時提供幫助與指導，對違規或不利行為進行糾正或處罰；

⑺負責監督總部各部門對連鎖門店服務的針對性、及時性和有效性，調查連鎖門店的滿意度；

(8)各區域連鎖店的走訪，瞭解一線各項工作情況與綜合實力水準，並收集一線各項資訊；對所檢查到的內容及資訊進行匯總分析，組織相關部門的負責人及相關人員落實問題的解決方案，督導協調各部門跟蹤問題的解決，有效服務到各區域及連鎖門店；

(9)向公司回饋門店各階段實際情況與各項工作執行成效，為公司連鎖店的工作方向與提升、改善做建設性建議；

(10)制定督導部門的工作目標與計劃，並落實實施工作；

(11)負責對各督導專員工作的監督、管控、考核及指導，為各區域的督導工作提供方法與技巧，並監督各區域督導工作的開展；

(12)負責對部門內各督導專員的專業知識、專業技能的培訓與指導；

(13)建設、完善督導制度、督導方法及操作流程與規範，並落實公司的督導執行工作；

(14)不斷尋求創新，制定門店各項工作的提升方法和激勵方案，促進連鎖門店運營能力的全面提升；

(15)整合所有連鎖店中的優秀工作方法，向所有連鎖店進行交流與共用；

(16)對搜集到的市場訊息、競爭資訊等資料，要及時與相關部門溝通與回饋，對市場做出及時、有效的反應；

(17)建立督導部相關資訊與資料管理制度；

(18)負責對部門內、部門之間的問題與糾紛的及時協調與解決；

(19)負責對本部門內工作的統籌、協調及資源配置；

(20)完成上級佈置的其他工作任務。

3.工作權限

(1)對公司運營活動的監督與指導、糾正、回饋及建議權；

⑵對督導與各部門之間關係的協調權；

⑶對本部門所屬員工和各項工作的監督、管理、考核權；

⑷對直接下級崗位調配的建議權和任用的提名權。

### 4.任職資格

教育背景：

・管理類專業，本科以上學歷；

・或有連鎖零售、同業公司豐富的同類崗位管理經驗。

培訓經歷：

・接受過領導力、執行力以及連鎖經營等方面的培訓。

經驗：

・5年以上企業管理工作經驗，至少3年連鎖企業同類崗位的管理工作經驗。

技能技巧：

・熟悉同類連鎖企業的運營及業務流程；

・具有督導管理的基本技能；

・在團隊管理方面有較強的領導技巧和才能。

態度：

・敬業，具有積極的工作心態；

・秉承公開、公正、公平的工作態度；

・善於協調、溝通，責任心、事業心強，有良好的合作精神。

## 三、督導專員的工作崗位說明書

### 1. 工作概要

負責公司或區域督導人員的督導行為及其門店的運營行為與運

營活動是否符合公司要求的標準與規範，並及時提供幫助與指導，對違規或不利行為進行糾正或處罰；同時負責監督總部各部門對連鎖門店服務的針對性、及時性和有效性，調查連鎖門店的滿意度，向對應部門回饋的合理化建議。

## 2.工作內容

⑴負責對分公司的督導行為及其門店的運營行為、運營活動的監督、指導、糾正、回饋及建議；

⑵傳達公司總部的工作精神、指令至門店，傳播企業文化；

⑶監督指導連鎖門店貫徹落實企業的各項工作決策，及時糾正連鎖門店在工作執行上與企業決策有偏離的行為；

⑷各區域門店走訪，負責監督所轄區域、門店的運營行為與運營活動是否符合公司要求的標準與規範，維護連鎖店的統一性，並及時提供幫助與指導，對違規或不利行為進行糾正或處罰；

⑸瞭解門店的實際工作執行情況，制定適合門店每個階段各項綜合能力提升的方案與執行，對工作人員進行相應的培訓和考核；

⑹負責監督總部各部門對連鎖門店服務的針對性、及時性和有效性，調查連鎖門店的滿意度；

⑺不斷尋求激勵各門店團隊進步和銷售增長的方案，促進門店銷售的不斷增長；

⑻對所檢查到的內容及資訊進行匯總、分析，上報督導經理，協助督導經理組織相關部門的負責人及相關人員落實問題的解決方案，督導協調各部門跟蹤問題的解決，有效服務到各區域及連鎖門店；

⑼向督導經理回饋所轄門店各階段實際情況與各項工作執行成效，為所轄門店的工作方向與提升、改善做建設性建議；

⑽負責執行實施本部門的工作目標與計劃；

⑾負責協助督導經理建設與完善督導制度、督導方法及操作流程與規範，並做好督導執行工作；

⑿整合所轄門店中的優秀工作方法，向所有連鎖店進行交流與共用；

⒀市場調查，瞭解門店當地的男裝市場需求和市場動態，向商品部門提供商品上的合理建議，對搜集到的市場訊息、競爭資訊等資料，要及時與督導經理、相關部門溝通與回饋；

⒁把走訪門店所檢查、搜集的相關資訊與資料定期歸檔；

⒂完成上級佈置的其他工作任務。

### 3.工作權限

對公司的督導行為及其門店的運營行為與活動的監督與指導、糾正、回饋及建議權。

### 4.任職資格

教育背景：

· 管理類專業，專科以上學歷；

· 或有連鎖零售、同業公司同類崗位督導經驗。

培訓經歷：

· 接受過連鎖經營、連鎖門店管理等方面的培訓。

經驗：

· 有連鎖企業督導工作經驗。

技能技巧：

· 熟悉同類連鎖企業的運營及業務流程；

· 具有督導管理的基本技能。

態度：

· 敬業，具有積極的工作心態；
· 秉承公開、公正、公平的工作態度；
· 善於協調、溝通，責任心、事業心強，有良好的合作精神。

## 四、督導的檢查體系

　　檢查是控制的前提。督導檢查體系是指督導在進行門店現場檢查、發現問題、修正錯誤時所運用的標準與步驟，以保證觀察到位，問題被迅速發現與解決。督導檢查體系的主要內容如表 2-1 所示。

### 圖 2-1　督導檢查體系的過程

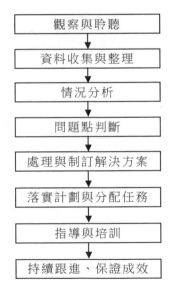

```
┌─────────────────────┐
│     觀察與聆聽        │
└─────────────────────┘
          ↓
┌─────────────────────┐
│   資料收集與整理      │
└─────────────────────┘
          ↓
┌─────────────────────┐
│      情況分析        │
└─────────────────────┘
          ↓
┌─────────────────────┐
│     問題點判斷        │
└─────────────────────┘
          ↓
┌─────────────────────┐
│  處理與制訂解決方案    │
└─────────────────────┘
          ↓
┌─────────────────────┐
│  落實計劃與分配任務    │
└─────────────────────┘
          ↓
┌─────────────────────┐
│     指導與培訓        │
└─────────────────────┘
          ↓
┌─────────────────────┐
│  持續跟進、保證成效    │
└─────────────────────┘
```

### 表 2-1　督導檢查體系的主要內容

| 基本內容 | 具體內容 |
|---|---|
| 觀察與聆聽 | ・ 對門店管理規範執行情況進行觀察<br>・ 對員工的工作狀態與工作技能進行觀察<br>・ 傾聽員工的意見，深入瞭解員工的內心需求 |
| 資料收集與整理 | ・ 對各類表格、日誌表單進行收集<br>・ 對數據與信息進行整理與歸納<br>・ 記錄重點問題與障礙 |
| 情況分析 | ・ 對門店經營狀況進行分析<br>・ 對經營績效進行分析<br>・ 對人力資源狀況進行分析<br>・ 對各項經營指標進行分析<br>・ 對內部管理能力進行分析 |
| 問題點判斷 | ・ 透過表面現象看清事件的根源<br>・ 列出重點<br>・ 排定先後順序 |
| 處理與制訂解決方案 | ・ 對違反標準者及時進行紀律處分<br>・ 進行檢討預評估<br>・ 提出改善要點及要求<br>・ 制定解決方案 |
| 落實計劃與分配任務 | ・ 溝通，以達成共識<br>・ 人員分工及任務分配<br>・ 協調解決，排除障礙<br>・ 記錄重點問題與障礙 |
| 指導與培訓 | ・ 對工作要求進行指導<br>・ 對工作技能予以培訓<br>・ 對心態予以輔導與調整<br>・ 持續跟進 |
| 持續跟進保證成效 | ・ 持續跟進處理或指導效果<br>・ 確保改進方案執行到位<br>・ 必要時進行回訪<br>・ 進一步提高標準及要求 |

## 五、督導的指導流程

指導工作一般是指督導人員對員工給予幫助與訓練。短期而言，可以幫助員工提高工作效率及改善工作態度，增強團隊的凝聚力和執行力；長期而言，可以增強員工對督導的服從性及對企業的歸屬感，從而減少人員流失。督導指導體系的主要內容如表 2-2 所示。

圖 2-2　指導工作的流程

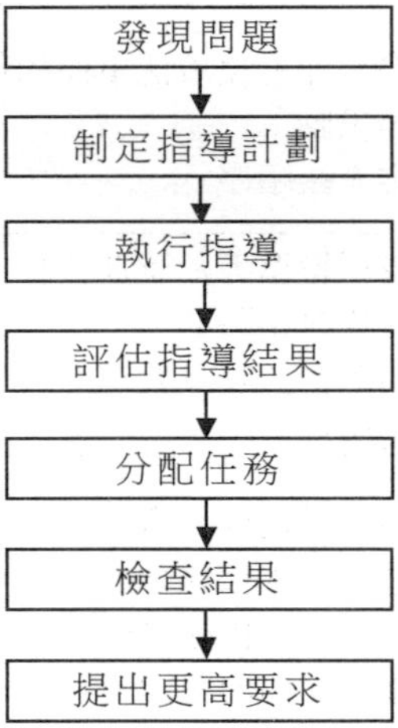

発現問題
↓
制定指導計劃
↓
執行指導
↓
評估指導結果
↓
分配任務
↓
檢查結果
↓
提出更高要求

## 表 2-2　督導指導體系的主要內容

| 基本原則 | 具體內容 |
|---|---|
| 發現問題 | · 員工工作效率降低<br>· 員工自覺性降低<br>· 員工失去工作熱情<br>· 員工不能面對壓力 |
| 制訂指導計劃 | · 分析員工指導需求<br>· 決定指導目標<br>· 制訂指導計劃 |
| 執行指導 | · 示範：由督導以新程序或新辦法進行示範與講解，員工觀察並提問，之後由員工自行操作教練指導；有針對性地對個別員工進行一對一指導；由督導進行細節的修正與輔導，員工不斷嘗試，直至能完全獨立操作<br>· 思想輔導：找到員工工作狀態不佳或技能不足的根源，從而激發員工的動力 |
| 評估指導結果 | · 確保每位員工均能掌握工作要領與重點<br>· 評估在同等環境下各員工掌握程度的差異<br>· 保證每一位員工能獨立操作<br>· 提出必要的覆核要求 |
| 分配任務 | · 任務明確，要求合理<br>· 承擔者有能力完成<br>· 激發承擔者的潛力<br>· 全力支持<br>· 授權而非放權 |
| 檢查結果 | · 標準明確<br>· 衡量表現<br>· 比較表現及標準<br>· 表彰成績與貢獻 |
| 提出更高要求 | · 提出更高標準<br>· 規劃未來發展<br>· 進一步培育與指導<br>· 承擔更大的責任 |

# 六、督導師的作業方式

作為一名督導師，你應該具備那些職能，擔負那些責任呢？例如，你在一家零售服裝企業為加盟店提供服務時，就需要調查瞭解市場、考察商圈、培訓終端員工、與加盟商交流、指導經營、處理同績效有關的問題、建立團隊合作、創造性地思維等等。

「做正確的事遠遠比正確地做事，要重要得多！」因此，一個加盟店是否有好的投資報酬率跟他所選擇運營的產品定位是息息相關的。首先需要幫助加盟商對產品與市場的「對路」與否進行分析，在把握品牌定位與管道選擇的方向沒有問題的前提下，再進行後續的細緻服務才會使你的督導工作有的放矢、事半功倍。督導的作業體系包括：

## 1. 觀察和聽取

‧ 經營者的經營觀念及方針。

‧ 經營者的真正需求。

‧ 經營者的個性操守。

## 2. 整理資料

‧ 作業流程。

‧ 表單。

## 3. 分析現狀

零售店營運狀態的分析、經營業績的分析、人力資源現狀分析、內部管理狀況分析。

## 4. 羅列問題點

圈選重點，排定輕重緩急，制定解決對策；提出改善點，並予

檢討和評估。

## 5.提出方案，並予實施

與經營者就方案進行充分溝通，達成共識；各相關單位的協調及人員分工；執行方案，檢核與評估。

## 6.提交作業流程

計劃、準備、實施、跟進、檢討、考核、總結、改善和再輔導。

## 7.制定工作計劃

確定輔導作業的對象，制定營運輔導的日期及工作進度、營運資料的收集準備，包括年度和月的經營業績、店鋪網點分佈情況、店鋪商品配置、人員配置情況、人員的基本素質水準、組織記憶體在的問題等。

## 8.實施輔導

店鋪溝通；工作方式與時間的說明；針對店鋪提出問題並與店員探討；店長彙報（店鋪營運及作業、店鋪需要及工作計劃、店鋪人員應用及管理原則、店鋪競爭環境及消費特性內部管理）。

## 9.細化管理內容

## 七、連鎖門店的督導

表 2-3　門店每日督導工作

| 任務名稱 | 節點 | 工作要點 | 作業規範及注意要點 |
|---|---|---|---|
| 每日督導工作流程 | 營業前 | 1. 總結前一天晚會內容，不足之處當天如何做改善 | |
| | | 2. 與店長/店助交流當天需傳達的工作內容、公司各部門所下發的通知 | |
| | | 3. 主持早會 | 1. 儀容儀表檢查、口風訓練、微笑練習、帶晨操、團隊激勵、制定當天任務指標等<br>2. 銷售任務指標可據班次情況制定<br>3. 銷售任務指標可據區域商品銷售情況制定<br>4. 銷售任務指標可據個人銷售能力水準制定 |
| | | 標準 | |
| | | · 及時傳達資訊 | |
| | | · 激勵夥伴 | |

續表

| 任務名稱 | 節點 | 工作要點 | 作業規範及注意要點 |
|---|---|---|---|
| 每日督導工作流程 | 營業中 | 時刻關注銷售情況，適時做所有員工的激勵，特別對銷售任務完成情況較弱的員工，及時給予激勵 | 1.參考並按照督導部的工作執行標準，對門店各項規範進行檢查<br>2.主要檢查時間分別在：<br>・開門營業後門店準備工作基本完成時，檢查衛生、陳列和補貨情況<br>・中午交接班時間，利用所有夥伴都到位時，對門店做全方位詳細的檢查；若客流量較少，可讓所有夥伴一起參與<br>・生意高峰期前，為迎接大量顧客的光顧，需組織所有夥伴對各區域的陳列、衛生情況做檢查並整理 |
|  |  | 時刻關注門店人員服務禮儀規範，對執行規範較弱的員工給予及時的糾正、指導並記錄 |  |
|  |  | 時刻關注各區域商品上的陳列規範，對執行規範較弱的區域給予及時的糾正、指導並記錄 |  |
|  |  | 4.時刻關注門店各區域/角落的衛生情況，發現不足及時給予糾正、指導並記錄 |  |

續表

| 任務名稱 | 節點 | 工作要點 | 作業規範及注意要點 |
|---|---|---|---|
| 每日督導工作流程 | 營業中 | 5.時刻關注門店各方面的動向，不定時地對工作上的各項規範做檢查，發現不足/不符規範的及時做到糾正、指導、強調並及時記錄 | |
| | 標準 | · 嚴格按照督導部標準進行監督<br>· 每日規範檢查不少於3次 | |
| | 營業結束 | 向收銀台處瞭解當天是否有重要通知，與夥伴做宣導<br>總結當天各項任務完成情況<br>填寫好當日「門店每日督導工作記錄表」<br>主持晚會<br>將工作記錄與第二天的值班督導做交接 | 1.根據「門店每日督導工作記錄表」上記錄的當天檢查發現到的問題，與所有夥伴進行探討，制定出改善方法，並詳細記錄在「門店每日督導工作記錄表」上<br>2.對於當天表現良好的、各項規範上執行較好的夥伴，給予適當的鼓勵 |
| | 標準 | · 按照標準格式完成「門店每日督導工作記錄表」<br>· 共同探討經驗<br>· 有針對性地鼓勵夥伴 | |

## 八、督導部經理的月工作項目

表 2-4　督導部經理的月工作項目

| 任務名稱 | 節點 | 工作要點 | 作業規範及注意要點 |
|---|---|---|---|
| 督導部月工作流程 | 月初 | 參加公司總部的門店工作會議 | 在公司有組織門店會議的情況下參加 |
| | | 完成月工作計劃 | 1. 根據當月的門店工作重點，制定當月督導部所要開展的工作計劃，上報於上級部門<br>2. 制定當月門店督導工作的方向、內容，公佈於所有門店<br>3. 制定當月督導工作的具體督導方法、技巧、督導執行標準，發與各區域督導（負責人）供當月督導工作參考 |
| | | 溝通並回饋資訊 | 1. 和各部門主管交流溝通，瞭解並記錄各部門需要門店回饋的資訊內容、對門店工作配合上的要求等<br>2. 將溝通資訊匯總發給各區域督導人員（負責人），由他們在巡店過程中向門店收集回饋資訊 |
| | | 協助門店管理部門制定月考核標準 | 將考核資訊傳達於被考核人，並與之溝通 |
| | | 安排督導部人員工作內容 | |
| | | 標準 | |
| | | · 工作計劃準確、詳細<br>· 資訊溝通及時、有效 | |
| | 月中 | 巡店走訪 | 1. 對個別優異的門店進行考察分析<br>2. 到存在較大問題的門店進行症狀診斷和指導<br>3. 對存有爭議的門店進行實地暗訪鑑定等 |

續表

| 任務名稱 | 節點 | 工作要點 | 作業規範及注意要點 |
|---|---|---|---|
| 督導部月工作流程 | 月中 | 督導巡店跟蹤 | 1. 對督導的巡店行程進行跟蹤，抽查是否按計劃安排行程，是否遵守勤務制度<br>2. 瞭解督導師在巡店過程中的工作開展情況，對其在巡店過程中遇到的問題進行指導<br>3. 與各區域督導人員保持溝通，對他們的督導工作提供協助<br>4. 收集部門內督導師的「駐店督導檢資訊回饋表」及時上報 |
| | | 整理回饋資訊 | 將各督導師提供的資訊進行整理過濾，將重要及有價值的資訊及時回饋至各總部各部門 |
| | | 門店後勤支持 | 1. 對各門店中反映強烈或懸而未決的問題進行跟蹤支持<br>2. 協助其督促相關協作部門儘快落實 |
| | | 門店書面測試考核 | 1. 分階段不定時進行<br>2. 考核專業技能方面 |
| | | 6. 門店管理人員調查 | 1. 在季末開展門店管理人員民意調查 |
| | | 7. 協助人力資源部相關工作 | 2. 包括人員招聘、相關督導培訓等 |
| | | 標準 | |
| | | · 根據工作計劃開展工作<br>· 嚴格執行督導標準 | |
| | 月末 | 巡店結束費用報銷 | 根據財務報銷制度，填寫「費用報銷憑證」，報銷部門當月巡店差旅費 |
| | | 編寫部門「門店督導工作總結彙報」 | 1. 收集部門內督導人員當月的巡店總結<br>2. 編寫部門的「門店督導工作總結彙報」<br>3. 總結彙報包括當月督導部瞭解到的門店在工作重點上的執行情況，督導部人員工作開展結果及門店中存在的問題 |

續表

| 任務名稱 | 節點 | 工作要點 | 作業規範及注意要點 |
|---|---|---|---|
| 督導部月工作流程 | 月末 | 編寫「個人月工作總結」 | 彙報當月督導經理工作的開展情況及存在問題 |
| | | 匯總當月各部門需要門店回饋的各種資訊 | 將匯總資訊回饋給各部門主管 |
| | | 績效考核評定 | 負責督導部人員的當月績效考核評定 |
| | | 團隊評定 | 1.及閘店管理部門一起進行最終審核與評定<br>2.向所有門店公佈評定結果 |
| | | 部門內部總結研討會 | 1.和部門內的督導人員針對當月巡店過程中發現的「人員與組織問題」「連鎖門店工作流程問題」「行銷策略問題」「其他典型問題」等，展開有關連鎖門店建設的研討會<br>2.收集匯總當月在各門店中發現的優秀工作方法、管理技巧等，製作成文字和圖片的學習材料，供次月公佈於所有門店交流共用<br>3.研討記錄連鎖門店團隊管理中會遇到的問題和解決的方案，並不斷改進與完善 |
| | | 8.準備月例會的內容及相關材料 | |
| | | 標準 | |
| | | ·按照標準格式完成工作總結<br>·總結經驗和教訓 | |

# 九、督導師的月工作項目

表 2-5　督導師的月工作項目

| 任務名稱 | 節點 | 工作要點 | 作業規範及注意要點 |
|---|---|---|---|
| 督導師月工作流程 | 月初 | 參加公司總部的門店工作會議 | 在公司有組織門店會議的情況下參加 |
| | | 完成月工作計劃 | 1. 根據督導部規定的當月督導方向，結合區域內各門店的實際情況，安排本月區域內的督導工作計劃<br>2. 工作計劃包括巡店路線、督導內容、督導方法等 |
| | | 標準 | |
| | | · 工作計劃準確、詳細 | |
| | 月中 | 巡店走訪 | 參見巡店督導工作流程 |
| | | 開展門店書面測試考核 | 1. 分階段不定時進行<br>2. 考核專業技能方面 |
| | | 開展門店管理人員調查 | 1. 在季末開展門店管理人員民意調查<br>2. 向督導部彙報調查結果 |
| | | 協助人力資源部相關工作 | 包括人員招聘、相關督導培訓等 |
| | | 重點 | |
| | | · 門店督導和監控指導 | |
| | | · 所轄門店督導工作 | |
| | | 標準 | |
| | | · 根據工作計劃開展工作 | |
| | | · 嚴格執行督導標準 | |

| 任務名稱 | 節點 | 工作要點 | 作業規範及注意要點 |
|---|---|---|---|
| 督導師月工作流程 | 月末 | 巡店結束費用報銷 | 根據財務報銷制度，填寫「費用報銷憑證」，報銷部門當月巡店差旅費 |
| | | 編寫所轄區域「門店督導工作總結彙報」 | 1. 總結彙報當月門店在工作重點上的執行情況，督導工作開展結果及門店中存在的問題<br>2. 總結彙報需上交督導部經理 |
| | | 編寫「個人月工作總結」 | 1. 彙報當月督導工作的開展情況及存在問題<br>2. 上交督導部經理 |
| | | 團隊評定（督導人員只能是協助營運部人員做此評定） | 將團隊評定結果上報督導部 |
| | | 參加部門內部總結研討會 | 1. 和部門經理針對當月巡店過程中發現的「人員與組織問題」「連鎖門店工作流程問題」「行銷策略問題」「其他典型問題」等，展開有關連鎖門店建設的研討會<br>2. 彙報當月在各門店中發現的優秀工作方法、管理技巧等 |
| | | 標準 | |
| | | · 按照標準格式完成工作總結<br>· 總結經驗和教訓 | |

## 十、影子顧客的督導制度

「影子顧客」是由經過嚴格培訓的調查員，在規定或指定的時間裏扮演成顧客，對事先設計的包括硬體、軟件和人員的一系列問題，逐一進行評估或評定的一種調查方式。

「影子顧客」的特點就是不被檢查對象察覺，如果「影子顧客」在檢查過程中不慎造成身份暴露，這樣的檢查就會失去意義。「影子顧客」要始終堅持公平、公正、中立、保密的工作原則。

### 1.對「影子顧客」的培訓與測試

①連鎖企業須對「影子顧客」進行服務品質知識、相關業務常識、心理學常識、調查的技巧等方面內容的培訓。

②在調查執行前對「影子顧客」進行測試，根據每個人對同一事物分數的判別，判斷每個人的評分標準和誤差大小，充分討論達成一致，儘量降低不同人對同一事物判別的差異性，使誤差最小化。

### 2.影子顧客的工作內容與要求

①調查時間與地點：由總部督導部根據公司實際需要，在一定的區域或連鎖門店於指定的時間段內進行調查。

②具體調查評估的內容由總部督導根據公司實際需要而定，一般情況下主要包括儀容儀表、服務形象、銷售導購技能（顧客接待、需求挖掘、商品推薦、化解異議、附加推銷、禮送顧客等）、陳列和衛生清潔等方面。

③由於調查記錄存在著一定的時效性和不可還原性，因而很難從過後的補充檢查中為當時出現的差錯更正。如果一個「影子顧客」陸續進行多個連鎖門店的調查，過後回憶難以清晰。這就要求現場

的「影子顧客」有高度的責任心，每完成一個連鎖門店的調查就要進行詳細記錄，文字填寫要求字跡清晰，無錯別字，不寫繁體字、異體字，減少塗抹。

### 3.「影子顧客」收集資料應注意的事項

①考慮差異影響：「影子顧客」的門店調查工作的設計安排應考慮工作日與非工作日的差異、閒時與忙時的差異、深夜時段和白天時段的差異等對指標的影響。

②減少「影子顧客」由於憑主觀認知行為或動作而產生的對於度量的干擾。

③詳細記錄時間、地點、人員、商品及事件的細節。

④由於現場存在許多限制細節記錄的因素，如事件的發生速度、「影子顧客」的記憶力等，因此可以利用數碼錄音筆等記錄工具。但是這些工具只能是作為輔助手段或者說是作為證據使用，如果單純依靠這些設備，就會降低「影子顧客」的感知能力和記錄責任感。

⑤「影子顧客」應及時對事件進行記錄，並及時進行覆核和修正。

⑥調查報告需要加上「影子顧客」的體會。

### 4.「影子顧客」的管理

①「影子顧客」在作業過程中，應接受督導部的監督與覆核，並保持與相關人員的聯繫，隨時把現場的執行情況及進度向相關人員回饋。

②督導部對「影子顧客」的執行過程及品質進行把控，對於表現優秀的可以提供鼓勵，對於作弊者要及時給予處罰或淘汰。

# 十一、「影子顧客」的作業流程

表 2-6 　「影子顧客」的作業流程

| 任務名稱 | 操作步驟 | 作業規範及注意要點 |
|---|---|---|
| 確定目標與計劃 | 確定「影子顧客」督導的目標與計劃 | 1. 根據年度或季工作目標及日常或專題督導計劃，確定本次「影子顧客」督導的目標及工作計劃<br>2. 製作工作目標與計劃督導因素有：<br>・相關部門給門店下達的相關運營行為及活動指令<br>・各門店經營現狀及存在的問題<br>・督導部下達的當月督導重點<br>・市場及競爭對手發展趨勢等<br>・部份分公司或區域存在較為突出的業績表現或較為嚴重的經營問題<br>・部份分公司或區域督導系統存在突出的業績表現或較為嚴重的事故發生<br>・總公司決定進行的連鎖系統升級前的調查<br>3. 根據目標門店的地理位置，制定科學、合理的執行路線<br>4. 所選的「影子顧客」保證目標門店所有人都不認識<br>5. 「影子顧客」督導行程資訊絕對保密 |
| | 重點 | |
| | 「影子顧客」目標與計劃制定要根據企業實際情況，參考各相關部門的需求、市場訊息及門店運營資訊等 | |
| | 標準 | |
| | ・目標與計劃合理<br>・「影子顧客」所有資訊保密 | |

| 任務名稱 | 操作步驟 | 作業規範及注意要點 |
|---|---|---|
| 「影子顧客」培訓 | 由總部督導人員對「影子顧客」進行全面的、專業的督導知識和技能進行培訓 | 培訓「影子顧客」：<br>· 如何以顧客的身份、立場和態度來對連鎖店的服務、業務操作、員工精神面貌、商品品質及門店陳列等方面進行客觀的監督與評估<br>· 如何正確填寫相關表單 |
| | 標準 | |
| | · 讓「影子顧客」知道按什麼標準去觀察、體驗與評估<br>· 如何填寫相關表格 | |
| 制定作業執行計劃 | 　按本次任務及目標門店分佈情況設計「影子顧客」督導執行計劃<br>　安排行程路線<br>　上報總部督導部，經批准後執行 | 總部督導部對「影子顧客」的所有資訊要絕對保密 |
| | 標準 | |
| | · 省時、省力、節省費用 | |
| 現場觀察消費體驗評估 | 　對門店的外部形象、內部門店佈置、人員工作狀態、業務操作及商品陳列等情況進行觀察<br>　作為一般的消費者全程體驗一下各個環節的服務情況<br>　按一定的標準進行客觀的評估 | 1.完全以普通消費者的身份去體驗門店的服務等<br>2.絕對不能作弊 |
| | 標準 | |
| | · 按「影子顧客」操作標準進行<br>· 客觀評價，情況屬實<br>· 絕對不能作弊 | |

續表

| 任務名稱 | 操作步驟 | 作業規範及注意要點 |
|---|---|---|
| 填寫相關表格 | 離店後，及時填寫表格並記錄現場發生的特殊事件 | 1. 嚴格按照「影子顧客」的操作標準進行作業<br>2. 絕對不能作弊 |
| | 標準 | |
| | · 客觀評價，情況屬實<br>· 絕對不能作弊 | |
| 資訊總結彙報 | 任務完成後，及時總結資訊<br>彙報總部督導部相關責任人 | 1. 客觀、全面地總結所有獲得的資訊<br>2. 按照一定的標準、格式撰寫報告 |
| | 標準 | |
| | · 資訊客觀、真實、全面 | |
| 協調處理 | 收到「影子顧客」彙報的資訊後，及時給予覆查、審核<br>對真實存在的優秀經驗或問題進行調查<br>調查核實後，上報上級，並及時給予相應的協調與處理建議<br>方案獲批後執行，並通知相關部門 | |
| | 標準 | |
| | · 及時地覆查、審核，及時地協調、處理 | |
| 後期跟進 | 關注並跟進方案處理的執行情況 | |
| | 標準 | |
| | · 及時跟進 | |
| 資料歸檔 | 對「影子顧客」督導後的總結分析報告及處理方案、相關資料進行分類、整理<br>及時歸檔備案 | |
| | 標準 | |
| | · 及時分類、及時整理與歸檔 | |

# 第 3 章

# 督導師必須具備的能力

督導師必須具備相關的能力，督導的管理能力、溝通能力、培訓能力、團隊協調能力、執行能力等，督導如果不具備這些能力，就很難將工作做好。

能力是衡量一個人做事能做到什麼程度的一個重要標準。一個人的成功與否往往是與能力相關的。而督導也同樣如此。要完成以上各種工作，沒有一定的能力是很難做到的。而只有具備了一定的能力之後，才能將各項工作做好。因為每一項工作實際上都暗含了對能力的考驗，只不過側重點不同而已。例如有的工作考驗的是督導的管理能力，有的工作考驗的是督導的溝通能力，有的工作考驗的是督導的培訓能力、團隊協調能力、執行能力等。督導如果不具備這些能力，很顯然也就很難將工作做好。那麼督導如何具備這些能力，又該怎樣來鍛鍊和培養這些能力呢？

# 一、管理能力

　　督導在終端扮演著重要的高層管理者的角色，督導對終端店鋪的運營肩負重任。如果概括來說，其工作就是完成公司制定的營業目標、實行有效的工作計劃。那麼，如何來完成公司制定的營業目標，實行有效的工作計劃？這就需要督導將目標加以分解，從管理店鋪每天、每週、每月的營業活動開始。營業活動就是制定計劃、實施、總結的重覆循環的動作。其實店鋪的營業活動無論是天、週、月、季、年皆遵循計劃、實施、總結的順序。在這個過程中，督導要掌握一定的管理能力，才能做到遊刃有餘，將店鋪管理好，將業績做上去。

## 1.靠人來完成對店鋪的管理

　　實際上，管理就是讓人把你想做的事情做好的一種行為。在店鋪管理過程中，督導需要更多的夥伴來協助工作，將工作完成得更出色，同時激發團隊成員的主人翁精神。在此環節中，督導要在管理上做到的就是既要給下屬責任也要賦予其權利。一面讓下屬充分發揮主觀能動性，完成交代的任務，一面要監控其完成的過程，給予下屬指導、訓練。當每個人都在自動自發地做著各自職責範圍內的事情時，當每個人都在認真而負責地做著自己分內之事的時候，那也就意味著你的管理已經成功了，你的管理能力是值得肯定的。而相反的，那種凡事事必躬親，事事親為的督導管理則是不可取的，是一種失敗的管理。

## 2.高明督導要靠「數字」來管理

　　要達到真正科學合理的管理目標，需要採用科學的管理手段，

例如在對數字的把握基礎上，對數字進行分析，找出其中的規律，掌握其反映出的顧客特點和銷售業績的獲得來源，找到重點客戶並去維護重點客戶，以獲取更長遠的效益。這就是考驗督導在管理過程中業務管理方面能力的一個標準。總之，管理是個綜合的過程，督導在管理店鋪的過程中，要能靈活地根據數學資料所體現出來的不同情況，採取不同的管理手段和管理方法，來實現管理的最終目標，這才是體現督導管理能力的關鍵。

當然，我們知道，任何管理能力都是需要慢慢積累經驗，並逐漸提高才能適應不斷出現的新的管理問題，才能順利解決不斷遇到的新問題。

隨著終端市場競爭的日益白熱化，市場對終端的專業化細分的要求也日益迫切，相應的，企業和店鋪對督導的要求也不斷提高，督導需要不斷更新和掌握新的專業知識才能適應不斷變化和更新的管理現狀。但是想讓督導掌握所有的專業知識顯然是比較困難的。

一是培養一名督導並不是那麼容易的，一名合格的督導必須具備終端店鋪運作管理的經驗，對商品非常熟悉，對公司運作流程有很深入的瞭解，另外還要有良好的溝通能力。但「知識」通常都難以通過短期培訓得到的，而只能從時間當中去摸索和積累。

二是提升整個督導層的集體能力比較困難。督導的人員流動容易階段性影響終端市場的運作和服務等品質。

三是知識、經驗和方法往往積澱在一個人的身上，而不是在一個團隊的結構上。

四是督導個人的水準、傳播推進等能力以及敬業精神，都將影響企業的運行效果和服務品質。

五是如果企業快速發展，地域更加廣，這種能力無法複製或複

製速度緩慢，那就勢必嚴重影響到企業的快速發展，並且出現成本急劇增加和品質難以保證的問題。

　　而要改變這些，很顯然，需要儘快提升督導的管理能力，才能發揮出其作為終端靈魂的核心作用。那麼如何來提升終端督導的管理能力呢？一方面，作為企業方要想方設法採取措施儘量改善督導所轄區域內終端店鋪的條件，例如優化經營模式，或者通過培訓來提高，另一方面，還需要督導自身通過學習和不斷地積累等各種方式來對自身的管理能力加以提升。

　　(1)通過專業化提升督導增值能力

　　督導管理的店鋪，由原來的按行政區域劃分，轉變成按店鋪社區類型劃分。每個督導(或督導組)僅管理某類型的店鋪，在一個給定時間段內，為自己管理的店鋪設計一套管理模式和店鋪經營模式，然後在以後的工作中，不斷完善、改進。可以通過幫助店鋪最大化地把握當地消費者需要及變化，不斷優化店鋪經營方式，增強店鋪績效。

　　(2)通過降低資源成本來降低管理成本

　　督導要處理一些例外的、需要人的經驗進行判斷的店鋪事務，把有先例可循的事務，交給成本更低的 IT 系統完成，或者轉移給店長完成、或者交給成本更低的服務小組完成，這樣可以降低總部對店鋪的日常管理成本。通過用低成本資源代替高成本資源，來降低對店鋪的管理成本。

　　(3)及時總結經驗，提升管理水準

　　由總部專門人員通過集中密集的溝通交流，把督導(尤其是工作時間較長的資深督導)的知識，以文字、模型、圖形、系統模組等方式，固化成紙質文檔、電子文檔、數字模型、系統模組等知識。將

來，督導要定期整理、創新其專業化管理模式，與積累各種例外事項處理經驗等，豐富督導知識庫。

### ⑷通過培訓提升管理能力

通過進行常規知識培訓，幫助提高督導整理管理能力，及快速帶動新督導適應工作崗位。試點經驗推廣，專業化過程將是「嘗試—總結—推廣」的過程，及時將創新經驗與方法應用於其他專業化店鋪，推動專業化模式有效建立。對每種培訓模式，都建立完整的培訓體系，包括培訓教材、培訓老師、培訓日常管理等，實現有效的知識共用與傳遞。

# 二、溝通能力

當一個企業的溝通良好時，新的、好的意見才能夠自由地在管理組與生產或者服務組間自由的流通，企業發展也就能更加順利。相反，如果一個企業的溝通不良，上壅下塞，意見和建議不能被傳達和採納，那這個企業離發展停滯、走上沒落也就不遠了。那麼對於一個督導來說，其作為一個企業聯繫終端市場的上傳下達的紐帶，其溝通能力更顯得尤其重要。

### 1. 溝通是督導的責任

溝通是實現我們的目標、滿足我們的需要、實現我們的抱負的重要工具之一。不論溝通是否有效，溝通構成了我們日常生活的主要部份。每個人每天時時刻刻都會遇到溝通問題。到單位見面打招呼是溝通，和朋友、客戶相互發電子郵件是溝通，上下級、同事之間、部門與部門、公司與公司之間都離不開溝通。

由此可見：溝是手段，通是目的。在現實生活中，許多的不愉

快、難堪、挫折、失敗、不幸，均與缺乏溝通或溝通不暢有關係，英國學者帕金森有一個著名定律——因為未能溝通而造成的真空，將很快充滿謠言、誤解、廢話與毒藥。家庭之間，朋友之間，人與人之間，無不需要經常性的溝通，經常性的交流。

對督導而言，溝通無處不在，無時不需，而且可以說是督導必備的能力。一個督導幾乎每時每刻都要面臨溝通的問題，與經銷商、上司、同事等，口頭或書面交流幾乎佔據了他們的大部份工作時間。溝通技巧的高低往往決定了一名督導職業生涯最終能達到的境界。

對於企業中的中層管理者——督導來說，溝通不暢會使公司的宗旨不能很好地向經銷商傳達，跨部門之間的溝通不理想可能會影響整個公司的運營進度，導致公司整體業績下滑。

那麼，對於督導來說，溝通成功和失敗的原因是什麼？

很多時候人們做事情只注重事物的客觀道理，但往往容易忽視處理方法。由於人與人之間存在差異，這就是溝通存在的理由。大部份時候，人與人處於不同的溝通平台，如果每個人都想著自己的道理，按照自己習慣的方式與人溝通，往往會產生雙方不滿意的結果。因此，要使溝通成功，自己的意思不僅需要被傳遞，還需要被理解。如果寫給我的一封信使用的是葡萄牙語，這種語言本人一竅不通，那麼不經翻譯就無法稱之為溝通，即無法實現意義的傳遞與理解。

完美的溝通，如果其存在的話，應是經過傳遞之後被接受者感知到的信息與發送者發出的信息完全一致。所以，對於一個督導來講，確定目標，制定決策，進行組織、控制、協調以及對人際關係的改善、組織凝聚力的形成、組織的變革與發展，都離不開信息的溝通。

## 2.互信互賴是有效溝通的前提

人類關係中，主要有兩種方式：一種是從屬關係，一種是平等關係。在從屬的關係裏，其中一個人享有大部份的權力和影響力：A下達命令，B遵照A的命令行事。在相互依賴的關係裏，存在更多的平等；即使 A 享有權威或職權，他也把這些權力與人分享。在大多數人際關係裏，人們更傾向於那一種呢？

很顯然，人們更傾向於後者，因為它能建立一種信任、可靠和協調的相互關係。要想成為一名出色的督導，你需要和你的員工建立相互依賴的關係，它能最大限度地鼓舞士氣和提高效率。因為員工們想把工作做得更好，因而他們的工作表現會更出色。

員工們對於事件或問題的看法通常與督導不同，除非督導能運用重要的溝通技巧，否則分歧可能會激化矛盾，而矛盾可能影響彼此的信任、和諧與合作。遇到這種情況，很多督導和經理們會轉而採用專制的從屬關係來進行督導；他們指手劃腳、行為魯莽；他們可能會取得短期成效，卻留下一個爛攤子；接下來的影響就是員工們士氣低落、工作懈怠。

為改善你的溝通技巧，請參考下面的「重要溝通技巧一覽表」；你將與員工建立起相互依賴的關係，這將提高他們的工作士氣和成效，並使他們改善工作態度。

# 三、培訓能力

培訓能力是督導極為重要和基本的能力。督導對市場的認識、對企業文化的理解和認同、對終端賣場的實際運營工作的理解和實際操作方法與技巧的掌握等，都是通過各類培訓獲得的。因此，良

好的培訓能力對於督導工作的有效開展是至關重要的。在終端運營過程中，培訓主要包括基礎知識的培訓和具體運營方面的培訓。這兩種培訓針對的對象和目的各不相同，因此各自的側重點會有所差異，對督導培訓能力的要求也會有所側重。

## 1.基礎培訓和項目培訓

基礎培訓是督導的入門培訓，目的是為了向新員工傳遞公司理念、企業文化的概念和含義，傳授終端實際運營中遇到的問題的解決方法以及一些基本技能和知識，所以督導在培訓時必須注意以下幾點：

①時刻保持專業感，使得新員工快速建立對行業、公司的認同感；

②能夠製作和使用多種培訓材料和豐富多樣的方式，使得長達半天或一天的培訓精彩生動；

③用通俗易懂得的方法幫助新員工理解培訓問題；

④加強互動，使得員工對培訓內容記憶更加深刻。

項目培訓是針對項目執行的培訓，它要求督導做到：

⑴幫助員工準確無誤地理解項目要求；

⑵幫助員工快速掌握項目要求的執行規則和具體訪法；

⑶規定項目進程和信息傳遞方式；

⑷幫助研究人員發現研究設計中遺漏的地方。

## 2.成為最好的教練

⑴訓練的影響

如果督導想讓員工有很高的工作績效，想順利地通過員工完成工作，就必須成為教練，不斷地在工作中訓練員工。

良好的教練要做到以下幾點：

・提升員工作業能力；

・明確員工扮演的角色及其互動關係；

・培養團隊合作的默契；

・構建並鞏固企業文化與制度；

・宣達經營理念，達成共榮共用、永續經營的目標。

⑵訓練的步驟

訓練的步驟，包括準備工作、說明示範、持續練習、追蹤考核幾個方面，這對於員工的訓練與學習都是非常有效的。

①準備工作

準備充分可以使任何事情都進行得更順利些。在學習或訓練時，充分的事前準備工作會使得成果更為有效，並呈現專業的精神面貌。

・硬體準備工作，檢查設備運作是否正常，物料充分，訓練環境的整潔，教材完整。

・軟體準備工作。

・充滿信心：信心來自對工作技巧與專業知識的熟練度。

・穩定情緒：心情太緊張容易造成混亂，過於輕鬆會顯得隨意、不認真。

・愉悅態度：用正面愉悅的態度開始，讓員工瞭解將要學做的事是重要的。

②說明示範

・集中員工的注意力。

・用簡單明確的言辭來解釋每一個步驟，不要期望在說明時便將所有的注意細節都講出來，一下子講太多的信息反而會使被訓練者卻步。在整段過程中，執行每一步驟的高標準度的習慣會使得受

訓員工更重視分內的工作。

③持續練習

· 被訓練的員工需要時間熟悉及執行督導所傳授的一切步驟，此時，快與慢並不重要，最重要的是正確及鼓勵。

· 以提問的方式強調重點。

· 讓員工持續練習，逐步減少指導，直到所有步驟、程序可以正確連貫為止。

④追蹤考核

當訓練的員工練習熟練，便可進行學習鑑定，通過學習鑑定表示這個員工可以獨立作業，但並不表示學習已經完全告一段落，正確且持續的追蹤考核，才可以將員工的工作標準維持並且提升。

### 3.找到員工培訓的關鍵

對員工的培訓與教育不僅是使員工不斷成長的動力與源泉，也是令店鋪業績提升的重要條件。為此，督導應將教育與培訓貫穿於員工的整個職業生涯，使員工能夠在工作中不斷更新知識結構，及時地學習到最先進的知識與技術，保持與店鋪同步發展，從而成為店鋪最穩定可靠的人才資源。督導培訓工作對店鋪影響的直接作用與間接作用、短期作用與長期作用，及其對公司、店鋪、個人的作用越來越大，店鋪、個人對培訓的需求也越來越多，那麼，督導應如何有效地進行或開展培訓工作呢？或者說，體現督導培訓能力的關鍵在那些地方呢？

(1)員工的表現是督導能力的最好體現

督導瞭解問題的癥結所在，就應嘗試提高員工的能力。但是目前的店鋪中，往往督導與員工之間的差距過大，很難把兩者聯繫起來。很多督導個人的能力都很強，但是更多的員工卻往往表現一般，

甚至常常為賺得一份薪水而工作，根本沒有看到其身上能力的體現。而這不能不說與督導對他們的培訓不力有關係。督導培訓能力不僅體現在對員工的技能的培訓方面，更在思想上也要有所體現。

如何將員工的思想改造為為了店鋪的未來而努力工作，而不是為了一份薪水工作，這才是督導培訓的根本。所以，從這個角度上來說，員工的表現往往是督導能力的最好體現。

要改變目前的這種狀態，必須從重視人才的觀念方面發生轉變。也就是要求我們的店鋪督導人員在人才問題上和培訓過程中，要擺脫傳統思維方式的束縛，明確兩條思路。

就店鋪發展實際來說，銷售人才固然重要，但當前最缺乏的還是那些能力挽狂瀾於不倒的管理人才和能夠攻城拔寨、不斷開拓市場的顧問式行銷人才，是能把店鋪經營好的店長、店經理和金牌導購。事實上，我們店鋪一些素質很高的導購之所以不能充分發揮作用，究其原因，還是管理者不善管理的問題，是管理者的素質問題。這一點是我們的督導必須提醒店鋪管理者的。

第二，以往人們常常強調引進人才，而忽視對人才的培養，在人才使用上存在著「遠來的和尚會念經」的錯誤認識。現在應該認識到這種做法的嚴重危害性。要高度重視店鋪內部員工的主體地位，督導的主要職責就是幫助店鋪的經營者全面釋放導購的能量，從而提升業績。

⑵注重員工的工作崗位培養

督導培養人的方法有許多，培養人的途徑也不限於一兩種，但最有效的是工作實踐。沒有什麼培養場所比工作崗位更理想。通過具體的工作進行有目的、有針對性的培養，才可稱之為真正有效的培養。

　　善於育人者，一般都能把下屬的每項工作巧妙地當作培養人的活教材。笨拙的育人者並無這種自覺意識，想到的只是儘快完成工作任務。兩相比較，前者儘管比後者多耗費時間和精力，然而隨著時間的推移，兩種做法的效果會有天壤之別。

　　所謂工作中培養，即督導根據實際工作需要，調整分工，讓導購去從事未幹好或沒接觸的工作，促使其開動腦筋、積極思考，提高工作能力。同時，也可以從中發現其缺點和弱點，採取有針對性的培養措施。

　　對那種已大體熟悉和掌握現崗位本職工作要領、並能較好地完成工作任務的下屬，要不失時機地交給他未曾接觸過的新工作。同時進行適度的指導，對新工作感到為難的導購。要教育他們樹立只有做才能提高能力的觀點，樹立全力以赴、全心全意投入新工作的思想，並在取得進步和成功時，給予及時鼓勵和表揚。

　　人才不是天生的，人的成長和進步離不開實踐培養和鍛鍊。實踐的過程，既為他們提供了廣闊的舞台以充分施展聰明才智，同時也有利於擇優汰劣的競爭選拔，使人人進入緊張的競技狀態，激發起內在動力和積極性，促成內在潛力的釋放。經驗證明，一家店鋪中充滿人人講效率、工作滿負荷的氣氛，這家店鋪中每個導購的工作能力往往提高很快，工作效率也較高。

　　聯繫到店鋪的具體工作上，如果讓下屬參與制定店鋪工作目標和計劃，讓每個人瞭解個人在整體店鋪工作乃至公司戰略中的作用與影響，同樣也會使工作充滿吸引力。

# 四、團隊協作能力

督導的角色不只是給擁有的資源進行計劃、組織、控制、協調，關鍵在於發揮督導的影響力，把下屬們凝聚成一支有戰鬥力的團隊。同時，處理成員之間的衝突，幫助下屬提升能力。這就是督導的又一個重要能力——團體協作能力。

因此，在終端店鋪中，督導業績的成效關鍵還來源於是否有一個出色的團隊。僅僅是一個人優秀、能幹，並不代表業績也會突出，重要的是是否有一幫出色的人在你身邊聽從你的安排與指揮，並相互彌補缺點，發揮長處。在組建高效團隊的時候，督導要學習劉邦與劉備身上的領導魅力與特質。督導的職責之一，是提供團隊不斷成長的挑戰，同時提供讓他們成功運作的組織。

督導人員可以將終端店鋪的店員組織起來，建立一支隊伍，分配店員不同的工作職責，並讓每個人發揮能力，同時在具體執行上協調配合的群體。例如在某品牌專賣店鋪中，有五個負責銷售服務的店員，有一個負責總體管理的店面經理，有一個負責迎賓和雜務的新員工，有一個負責簡單財務管理的收銀員，有兩個負責商品倉庫和貨品運送的人員。這樣就形成一個終端店鋪的運作團隊了。

為完成共同目標，成員之間彼此合作，這是構成和維持團隊的基本條件。事實上，也正是這個共同的目標，才確定了團隊的性質。形成團隊必須是先有目標，後有團隊。

團隊的目標賦予團隊一種高於團隊成員個人總和的認同感。這種認同感為如何解決個人利益和團隊利益的碰撞提供了有意義的標準，使得一些威脅性的衝突有可能順利地轉變為建設性的衝突。

放眼一流的督導團隊，他們之所以能成為出類拔萃的團隊，無非是因為他們的成員能拋開自我，彼此高度信賴，一致為整體的目標奉獻心力的結果。一個項目的完成涉及各個部門的通力合作，因此，督導的團體合作能力是影響其工作成效的一個極為重要的因素。督導的團體協作能力主要表現為：

①必須學會傾聽他人的訴說，如研究部的項目說明、訪問員對項目問題的陳述、各種相關人員的建議等；

②必須學會站在他人的角度來看待問題和思考問題，例如在項目執行過程中，應該學會站在客戶角度來看待項目的進程，這樣就會理解執行時間緊迫的原因，從而積極推動項目進程；

③必須學會知道別人需要什麼，如知道研究人員需要什麼，什麼是數據處理人員需要的產品，什麼是客戶想知道的信息等。

總之，督導的團隊協作能力就是要為每個成員設身處地地考慮。一個成員的成功，也就是大家的成功。因此，我們身為其中的一員，就更應盡好自己的本分，與大家同心協力。要以爭取第一為目標，不求「更好」，只求「最好」，任何事都力爭做到極致。

## 五、執行能力

應當說，督導是比較標準的職業經理人一族，職業經理人的最大特點或者最大價值就在於其執行力，企業終端的總體戰略和每一年度的經營目標、工作計劃是否能夠達成，直接取決於督導們的執行能力。

督導既是執行者，又是領導者。他的作用發揮得好，就可以成為企業聯繫終端的一座橋樑；發揮得不好，就將成為橫在公司與終

端之間的一堵牆。公司對各種方案的認可，需要得到督導的嚴格執行和組織實施才能取得成功。如果督導的執行力很弱，與決策方案無法相匹配，那麼公司的各種方案是無法成功實施的。

執行是每一層級對上層願望的解碼；是部門內高效率的運轉；是層級間的配合，部門間的無縫銜接；是工作開始前的全方位細緻準備；是工作中用心去實施；是對工作進行中的總結、檢查、修正、再執行；是上級對下級工作的持續性跟進、激勵。

對於督導人員來說，有效執行不僅僅是管理者的事，也不僅僅是員工的事，而是整個團隊的核心任務。從一定意義上來說，執行力決定著督導的成敗。一位管理學家也認為，成功的企業，20%靠策略，80%靠企業各層的執行力。

「從企業運營的角度看，戰略等於做正確的事，運營等於把事做正確，人員等於用正確的人。」執行力的三個核心是人員流程、戰略流程和運營流程。而國內的企業在「督導管理」上的誤解主要表現在：不具備挑選人才的能力，缺乏對人才的信任，不注重也不開發他們的價值。

觀察許多執行力不強的督導團隊組織，其人員對執行力的態度多半是：對執行偏差沒有感覺，也不覺得重要；個性上，不追求完美；在職責範圍內，不會自己盡責處理一切問題；對「要求標準」不能也不想堅持。督導不會發現問題、思考問題和解決問題，這些必然導致團隊執行力的遺失。

很多企業在招聘督導時，只注重專業能力，學歷和工作經驗，而不考查他是否具有務實的精神和執行的能力。結果在聘用了一段時間後，才發現他們選拔的人才除了誇誇其談之外，什麼也做不了，這勢必將對企業帶來了很多負面影響。所以在企業開始招聘督導

時，絕不能含含糊糊，而是要招有執行力以及敬業的人。

美國管理學者湯瑪斯也曾說過：「一個合格的戰略，如果沒有有效地實施，會導致整個戰略的失敗。但有效的實施不僅可以保證一個適合的戰略成功，而且可以挽救一個不適合的戰略，或者減少企業的損失。」縱觀國內外成功的督導人員，無不是對企業的戰略決策堅持不懈、軍令如山、決不動搖、堅持到底地執行的。可以說，戰略決定方向，執行力決定成敗。能否把既定的戰略執行到位是督導工作成敗的關鍵。

## 六、（案例）督導師如何從飲料的口味中發現問題

夏日的一個早晨，一家著名的美國速食店餐廳。

為了保證服務品質和純正的「可口可樂」汽水口感，飲料機每天都要做校準調校。奶昔崗位是麥當勞的基本工作站，操作奶昔機的人員應當是通過了該崗位的崗位觀察檢查表的熟練員工。

連續幾天的炎熱天氣，應當是冷飲銷售的旺季，督導師發現，他管轄的一家餐廳飲料類的銷售額這些天沒有明顯的提升；與其他幾家餐廳相比，銷售額的提升速度可以說太慢了，飲料在總營業額中所占比重與其他餐廳相比也有很大差距。所以督導師決定一早到這家餐廳，看看問題究竟出在什麼地方。

站在櫃檯外面，員工並沒有注意到督導員的出現，各自都在忙碌著自己的工作。督導師卻專注地看著員工給顧客打飲料的操作，一切都很正常。忽然他發現，從他身邊走過的三位顧客手裏的奶昔有一些「異樣」——裏面似乎裝得過滿，好像蓋蓋子都很費力。一會兒，督導師又看到一個顧客拿著同樣狀態的奶昔離開櫃檯……督

導員決定多瞭解一些情況，走到櫃檯前，買了一杯「可樂」和一杯「芬達」，坐在離櫃檯不遠的地方，一邊「品嘗」一邊觀察奶昔崗位的工作狀況。

半個小時過去了，所有顧客拿到的都是「超級滿」的奶昔，基本可以排除員工「謀私」的可能，應當是培訓不到位的原因。同時督導師覺得手中的「可樂」口感有點兒淡，「芬達」也淡得已經能感到碳酸水的「澀味」，不好喝！問題應該出在飲料機上，一定是每天的調校工作出現了漏洞。

督導師馬上找來負責早晨「開店」的員工組長，果然，已經有近一周沒有調校飲料機了，原因是調校機器用的量杯摔壞了，訂貨一直沒到。聽到這兒，督導員立即打電話給鄰店請求協助。不一會，飲料機調好了。

解決了飲料的問題，督導師又來到奶昔機前對操作員工說，早晨奶昔機工作量小，產品比較稠，打得太滿，顧客飲用很困難，我們的服務品質無法得到保障，同時，這樣的裝杯量，每五杯就等於白送出一杯，會給公司造成損失。

員工解釋說：這個工作站他剛學習一天，負責他的訓練員生病了，沒人帶他。二話沒說，督導師教導了：「放好紙杯在機器託盤上，以 60°角目視紙杯中的刻度，按下手柄，……」。幾杯標準的操作完畢，員工已經能夠熟練地操作奶昔機了。接下來，督導師和店經理一起交流了當天發生的事情，對於培訓、排班、溝通等方面存在的問題，店經理接受了一次全面的教育，他很感謝督導師的幫助。

從案例不難看出，這個督導員很好的充當了 3 個角色，一個是監察員，一個是教練員，還有一個是協調員。

當自己管轄的店鋪出現營業異常時，及時下去巡視。所以說督

導員在擔當監察員角色的時候，最基本的工作方式就是：有計劃、有重點地進行巡視，及時發現問題，及時解決問題；同時一定要注意觀察每一個細微的問題。

當員工需要支援幫助的時候，要拿出你出色的業務技巧和成功經驗，指導和訓練員工。所以說督導員在擔當教練員角色的時候，督導員要與他人分享自己的成功經驗，盡力將工作的成功經驗傳授給他人，讓別人工作得和自己一樣出色。

當店鋪出現困難一時無法解決時，需要發動各方面資源，協調各方面關係，幫助店鋪走出困境，解決問題。所以說督導員在擔當協調員角色的時候，督導員應充分發揮連鎖經營的優勢，協調店與店之間的資源，使其達到資源分享，互相照應，迅速解決各種突發問題。

心得欄

# 第 *4* 章

# 督導師的督導項目工作流程

　　在企業職場中，要遵守公司規章制度，按照一定的次序來做事，本末倒置，做事沒有一點條理，效率就會低下。督導師要遵循一定的做事規律和工作流程，根據各自的工作特點和側重點的不同，工作□目包括形象督導、商品督導、服務督導、目標督導、人員督導、銷售督導等。

　　每個人做事都要講究一個順序的問題，對於任何一個職場中的人來說，都要遵守公司的規章制度，並按照一定的次序來做事。本末倒置，做事沒有一點條理，效率就會低下。督導既然是企業中的一員，並且是負責終端管理的一個基層管理者，必然要遵循一定的做事規律和工作流程，才能把事情做好，把效率提上去。而實際上根據各自的工作特點和側重點的不同，督導又具體可以分為形象督導、商品督導、服務督導、目標督導、人員督導、銷售督導等職位。

# 一、督導商店形象的工作流程

　　對於企業來說，終端店鋪是體現企業品牌形象的最好戰場，店鋪的門面就代表了企業的臉面，所以，如何做好終端店鋪的門面形象工作是企業工作中的一個重要環節。而為了更好地開展店鋪形象宣傳工作，維護品牌在終端的形象，企業往往會設置一個形象督導的職位，以指導和監督終端店鋪的形象宣傳以及形象維護。

　　總的來說，設置這一崗位的目的，第一是為了營造品牌終端店鋪的整體文化氣氛，做好各店鋪的商品陳列工作，烘托展示商品並最有效的展示商品，推廣品牌文化、設計理念；第二，為了提高地區銷售額；第三，為了提高地區行銷人員的綜合素質。督導所要達到的工作目標也很明確。他們需要負責培訓全體行銷人員相關陳列專業知識，建全對管轄專賣店形象的全息管理、規範的標準，全面展現公司品牌獨有的品牌文化及產品設計理念。策劃行銷活動以創造良好的業績，領先於同類品牌，佔領目標市場，擴大品牌知名度。

　　為了讓終端各項工作能夠更好地執行下去，企業也賦予了形象督導這個職位一些特定的權力，例如檢查各店導購的工作能力的權力，對形象考核不合格的人員進行相應的處罰的權利，對各店導購人員進行相關工作知識考核的權力，等等。

　　在形象督導工作過程中，都有一定的工作流程，即遵循固定的工作順序，來逐步有序地完成形象督導的日常工作。

　　具體來說，形象督導的工作內容和工作流程分為以下幾個方面。

## 1.培訓工作

　　根據不同時段，制定培訓主題，編寫培訓教材，內容包括：形

象方面、行銷方面、公司理念、綜合素質方面等。

⑴根據每季的行銷教案，對員工進行行銷語言的培訓，讓員工瞭解品牌文化，並激發他們的銷售激情。

⑵每次行銷、形象方案的培訓講解。

⑶根據專賣店操作規範，對員工進行服務、銷售、形象、店務管理等規範。

⑷根據對案列的分析，培訓講解，培養行銷人員的應變反應能力。

## 2.行銷工作

督導要做好管轄店的行銷工作，做好一年四季的大型特賣工作。

⑴根據行銷企劃案對各專賣店員工進行培訓。

⑵根據行銷企劃要求對店面進行佈置。

⑶活動期間充分激發各員工的積極性。

⑷活動過程中密切關注進展情況，對存在的問題及時提出解決辦法。

⑸配合所管轄終端活動，及時對店內貨品進行調整，達到促進各店銷售的目的。

⑹根據企業其他品牌推出的促銷活動，及時調整專賣店活動內容，創造理想銷售業績。

具體在特賣工作方面，形象督導需要做的工作有：

①活動前組織員工培訓，店每位員工知道活動細則；

②活動期間與店長根據實際情況，合理安排班次；

③下店組織賣場氣氛，參與銷售；

④根據銷售情況隨時調整店內貨品；

⑤根據銷售情況及時追補暢、滯銷品。

### 3.形象工作

形象督導要做好管轄店的形象實施和維護的工作，做好一年四季的形象店和管轄店的布展實施工作。

⑴協助完成每季全國示範店的店面操作工作，根據每季布展要求完成樣板店的店面環境操作。

⑵所管轄店環境布展的實施及各季貨品陳列的展示包括：

①四季環境布展及耶誕節、元旦、春節環境布展；

②根據新上貨品，每週對店面貨品進行調整，保持店內貨品陳列新穎；

③現場貨品調整，並讓員工動手操作，並加以點評、修改，培養員工的動手能力；

④根據暢、滯銷情況，對店內貨品進行調整，以達到最有效的促銷目的。

⑶對各專賣店的檢查、管理、輔導，包括：

①與地區倉庫督導協作，根據專賣店整體操作規範，對各專賣店各項工作進行檢查輔導，防止違規現象發生；

②隨時抽查店務日誌，檢查店內日常工作情況；

③協助輔導假日、活動期間的銷售，觀察店員銷售情況。

此外，形象督導還要負責一些市場調查工作：

①不定期進行市場調查工作，瞭解貨品暢滯情況、各品牌及商場動向，市場需求情況等；

②製作市場調查報告及時回饋給各相關部門。

當然，一些會議及月工作計劃總結工作也是需要形象督導來做的，它具體又包括：

①每月初根據地區經理安排部署的下月工作，對下月工作重點

明確；

②對上月工作進行自評總結，並對下月工作進行詳細計劃，所有總結計劃書都要寫於工作日誌上，每月初上交地區經理檢查；

③按月、週工作計劃實施，如有臨時變動，則靈活做出相應的調整，各項臨時添加的工作及時記錄在工作總結中；

④各項需匯總的表格於每月初上交地區經理檢查後交總經辦及各相關部門。

以上是根據形象督導的工作內容來界定其工作流程的，但是，如果根據形象督導的工作性質和特點來敍述其工作流程的話，大致其工作又分為五個主要的步驟。

第 1 步，制訂計劃

(1)制訂計劃，包括督察對象、督察目標、督察重點、督察時間、行程安排等細節。

(2)計劃要上報上級主管審閱備案。

第 2 步，現場督導

(1)現場督察認真、仔細，不放過死角。

(2)每次巡察時間要不少於一定的時間。

(3)如實填寫《店鋪形象督察表》。

(4)督察結果及時回饋給店鋪或經銷商。

第 3 步，問題處理

(1)對違反形象標準的情況予以處理。

(2)現場動手，改善不足。

(3)組織學習《店鋪形象標準》。

(4)現場答疑。

### 第 4 步，店鋪改善

(1)對形象物品損壞、短缺等情況填寫《店鋪形象維護/維修申請單》。

(2)對加盟店形象異常情況及時知會經銷商處理。

(3)對嚴重缺陷或違規情況發出《店鋪形象整改通知單》，並立即上報企業。

(4)跟進整改結果。

### 第 5 步，公佈表彰

(1)評估結果報營運部備案，並作為整體評比考核依據。

(2)對區域店鋪形象核查結果進行通報。

(3)對所有店鋪形象統一評比，獎優懲劣。

## 二、例行督導工作的流程

(1)協助運營部制定加盟店運作標準，包括員工士氣及服務品質標準、整體形象標準、物料配送及項目導入標準等。

(2)編制督導工作計劃，包括督導的時間安排、對象、內容、方式等，並制定加盟店年度經營目標，報總經理批准。

(3)根據批准後的編制制定督導工作實施方案，包括具體的督導對象、重點督導的內容、督導的方式和進行督導的時間等。

(4)根據加盟店營業目標計劃對加盟店經營情況進行督查，根據服務、項目、環境的品質標準及公司的相關政策制度，對加盟店的行銷、項目、服務、員工士氣、整體形象、環境等方面進行現場調查，對違規的事項進行取證落實，並當面指出。

## 圖 4-1　例行督導工作流程圖

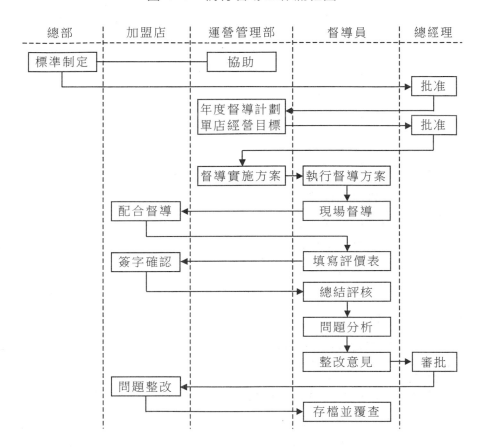

## 三、督導目標的工作流程

目標管理是店鋪管理的核心內容，也是區別店鋪經營專一業化或原始化經營的「標杆」。沒有目標管理，店鋪的經營管理就會失去重心，從店鋪到整個企業的業績就無法衡量，經營水準就無從評價，

企業也會喪失核心競爭力。

目標是指所需達成的階段目的或最終目的。對店鋪營業目標的執行情況進行督導，保障店鋪與區域營業目標的實現，這是目標督導工作的最終目標。可以說，目標督導的一切工作最終都是為了實現店鋪營業目標和區域經營目標。

綜合店鋪目標督導工作的基本特點和工作內容，目標督導的工作流程主要分為五個步驟。

第 1 步，設立目標

(1)接受上級目標任務。

(2)分析店鋪目標達成能力。

(3)根據目標設立原則制定店鋪營業目標。

第 2 步，分配目標

(1)完成營業目標的分解，包括店鋪營業目標、每日營業目標、個人目標的分解。

(2)編寫目標行動計劃，包括目標督察重點、督察時間、目標激勵計劃等。

(3)鼓勵店鋪信心，協助店長激發員工鬥志。

第 3 步，督導目標

(1)跟進店鋪目標完成進度。

(2)對店鋪目標進行現場督察。

(3)現場回饋目標督察結果。

(4)目標現場指導。

第 4 步，改善目標

(1)調整進度，制定追趕計劃。

(2)提升店鋪實現目標的能力。

(3)激發店鋪人員的鬥志。

(4)尋求上級支持與幫助。

(5)跟進改善成效。

## 第 5 步，考核績效

(1)統一績效考核標準。

(2)對各店鋪的目標成效進行評估與考核。

(3)對目標考核結果進行通報。

(4)獎優罰劣。

# 四、督導商品的工作流程

店鋪商品督導是對店鋪商品作業進行全程的管理，既包括商品陳列、換季、變價、調換、維修等作業管理，也包括對商品訂貨、配送、驗收、損耗、盤點等全部管理過程的監督與控制。

對店鋪商品進行督導是為了保證店鋪商品供應順暢、適銷對路，用陳列吸引顧客、對重點商品推薦有力；保證商品有效地刺激顧客的購買欲；協助店鋪制定合理的商品計劃，對商品進行分析，加快店鋪商品的週轉率；持續提升店鋪「商品力」。

總結商品督導的工作內容與特點，大致可將其工作流程分為以下步驟。

## 第 1 步，商品訂購

(1)根據店鋪營業面積、商圈、主力客群特性、季節等確定店鋪商品結構。

(2)根據店鋪的實際銷售、商品庫存等確定商品訂購計劃。

(3)及時補貨，保障店鋪商品供應充足。

(4)制定商品督導計劃，明確商品督察重點店鋪、重點對象、督察時間等。

## 第 2 步，商品配送

(1)根據店鋪商品訂購計劃，完成訂購商品的組織。

(2)保證店鋪訂購商品準確、及時、無損地配送到店。

(3)到貨後迅速完成商品入庫、質檢、陳列、登賬。

## 第 3 步，商品督導

(1)跟進店鋪商品日常管理情況。

(2)對店鋪商品管理進行現場督察。

(3)對店鋪商品管理進行現場指導。

(4)對店鋪商品銷售進行準確的分析。

## 第 4 步，商品分析

(1)建立完善的店鋪商品分析制度。

(2)對店鋪商品信息進行深入與準確的分析。

(3)及時向商品部提供準確的店鋪商品信息。

(4)依據分析結果指導店鋪商品改善與調整。

## 第 5 步，商品力提升

(1)持續優化店鋪商品結構，保障新品、主推款的調整適應季節與競爭變化。

(2)及時調換商品，降低店鋪商品積壓，加快商品週轉。

(3)配合企業季店鋪商品折扣、推廣計劃的執行。

(4)及時支援其他店鋪的商品需要。

(5)進一步改善，持續提升店鋪商品力。

# 五、督導服務過程的工作流程

　　為顧客提供優質服務是企業終端，服務是店鋪區別於形象、商品的營運「軟體」，也是店鋪區別於競爭店的核心競爭優勢。服務督導的目的在於，通過督導發揮店鋪強大的「服務力」，保證各店鋪達到或超過企業統一的服務水準。

　　店鋪服務督導的重點在於監督店鋪及店鋪人員，確保他們為顧客提供必需的服務。督導通過對店鋪人員服飾儀容、禮貌用語、服務態度、顧客投訴及意見處理、顧客滿意度的督察與指導，來保證各店鋪服務水準的一致性，並致力於持續提升店鋪的「服務力」。

　　綜合店鋪服務督導工作的基本工作特點，店鋪服務督導師的工作流程可分為以下幾個步驟。

　　第 1 步，制定服務標準

　　⑴根據行業標準、企業規定、營運能力、商品、顧客需求等各項因素確定店鋪的服務範圍。

　　⑵根據店鋪服務範圍確定各項服務內容的實施標準。

　　⑶設定明確的服務評估與考核標準。

　　第 2 步，實施服務標準

　　⑴對店鋪人員進行全方位的服務規範培訓，保證全員掌握服務標準與技能。

　　⑵將店鋪對服務標準的執行作為重點工作。

　　⑶推動各項與服務相關的活動，如優質服務月與 VIP 顧客回訪活動等計劃的實施。

### 第 3 步，開展服務督導

(1)制定服務督導計劃，明確服務督察重點、時間等。

(2)掌握店鋪服務規範日常管理與執行情況。

(3)對店鋪服務管理進行現場督導。

(4)對店鋪服務管理進行現場指導。

### 第 4 步，評價督導服務

(1)建立完善的店鋪服務分析體系。

(2)對店鋪服務水準進行準確分析。

(3)向企業及各店鋪及時通報服務評估結果。

(4)依據評估結果指導店鋪服務改善與提升。

### 第 5 步，提升服務力

(1)長期展開店鋪服務意見的調查。

(2)對顧客資料、需求、意見進行有效的管理。

(3)持續提升店鋪顧客服務的滿意度。

(4)持續降低店鋪顧客投訴率。

(5)配合企業各項優質服務計劃的執行。

(6)持續提升店鋪服務力。

## 六、督導店員的工作流程

店鋪各種工作與標準，最終都需要靠員工去實現。

再先進的商品，再先進的服務理念，再遠大的營業目標，沒有人去實現，也無法轉化為最終的經營效益。對人員進行有效管理使其發揮自身潛力，是店鋪經營最重要的環節。

店鋪人員督導的重點在於監督店鋪人員的知識面、工作態度與

工作技能，進而有效地進行指導與訓練，致力於持續提升店鋪人員的工作狀態與工作技能。

綜合店鋪人員督導工作的基本流程，店鋪人員督導的工作流程可以歸納為五個主要步驟。

### 第 1 步，制定人員管理規範

(1)根據企業經營目標、營運能力、店鋪用工需求各項因素確定店鋪人員管理範圍與管理標準。

(2)根據店鋪的人員特性確定各項人員技能標準。

(3)根據人員技能標準設定人員評估與考核標準。

### 第 2 步，實施人員日常管理

(1)對店鋪人員進行全方位的培訓，保證全員掌握必需的工作技能。

(2)將培養員工的工作技能與工作意願作為店鋪重點工作。

(3)定期或不定期推動各項人員相關活動，如店鋪人員月考核、銷售精英培訓、基礎輪訓等。

### 第 3 步，人員督導

(1)制定人員督導計劃，明確人員督察各項指標。

(2)跟進店鋪人員日常管理規範執行情況。

(3)對店鋪人員管理情況進行現場督察。

(4)對店鋪人員管理進行現場指導。

### 第 4 步，人員評價

(1)建立完善的店鋪人員評價制度。

(2)對店鋪人員能力與意願進行準確分析。

(3)向企業及各店鋪及時通報人員評估結果。

(4)依據評估結果指導店鋪人員改善與提升。

### 第 5 步，人力提升

⑴長期展開店鋪人員工作滿意度與意願度調查。

⑵對店鋪人員的需求、意見進行有效的管理。

⑶持續提升店鋪人員的工作能力。

⑷持續提升店鋪人員的工作意願度。

⑸配合企業各項人力資源計劃的執行。

## 七、督導師的工作方式

### 1. 電話方式

經常溝通可以保持和鞏固關係，電話是最有效、便捷的溝通方式。特許經營體系中，督導透過電話可以知悉總部的規劃和當前的活動，知道特許人可以提供什麼幫助；另一方面可以與受許人或者單店溝通，傳遞信息，提供指導，解決問題，協調關係。電話方式包括定期電話、不定期電話和電話會議。

①定期電話。

在每週或每月特定的日子打給受許人的定期電話非常有用。這樣的電話通常是特許人打給受許人的，目的是使督導瞭解單店營業情況、出勤情況、產品庫存情況，並進行定期工作任務佈置與檢查。電話應該以友好、友誼和積極的態度進行，並非為了挑毛病或強化特許人對受許人的控制力而進行。

②不定期電話。

不定期電話不僅能及時瞭解與傳遞信息，更能加強督導與單店或者受許人的情感聯絡。受許人可能會很高興接到督導打來的「就是問問情況」的電話。這樣的電話可以使督導瞭解受許人的現實問

題和一貫的態度，從而決定總部是否可以或應該在現有服務之外進
一步採取措施。

③電話會議。

電話會議可以同時聯繫多個受許人或單店，提高了溝通效率。
這需要事前書信或電話安排，以保證同一區域內的受許人都能「出
席」。通常是督導通知受許人新產品/服務信息、新的廣告促銷活動、
新的競賽或客戶關係項目等情況。電話會議向受許人強化了既作為
獨立經營者又作為特許經營體系一分子的重要性。特許人普遍認為
電話會議成本低，而且能夠培養良好的關係和達到預定目標。

## 2.文件方式

①Internet。

Internet 是世界範圍內的遠端通訊網絡，世界各地的人們可以
透過自己的電腦獲取和交換信息、數據、圖片、聲音、文章和文件。
大多數特許經營企業都建立了自己的網站，Rug Place 甚至在開始
特許經營之前就建立了自己的網站。

今天，特許人可以透過 Internet 發佈廣告、聯繫受許人、建立
品牌意識、提供贈券、發展目標客戶群、進行銷售和開展行銷調查。
此外，還可以把 Internet 擴展為內聯網，這樣受許人透過密碼就能
夠獲取特許人提供的信息，閱讀特許人發佈的報告、復習運營手冊
和瞭解其更新信息。

②電子郵件。

很多個人和公司不再使用電話和普通信件，而是透過電子郵件
與員工、其他公司、特許人、受許人和家人聯繫。隨著特許經營的
發展，透過電子郵件進行聯繫會越來越多。特許人可以透過電子郵
件每天向受許人發送信息，對受許人進行鼓勵、支持和指導，而且

成本遠遠低於其他聯繫方式。需要注意的是，使用電子郵件等網路方式傳遞文件和信息需要注意保存與備份。

③內部刊物。

一些特許經營企業會定期發行自己的內部刊物，以內部刊物的方式傳達政策、通知，以及近期企業的重要事項。內部刊物是企業實力與文化的標誌。

④快遞。

一些特別重要或機密的文件必須透過正規有保障的快遞方式傳遞，如合約、租賃協議、原始單據等，所有涉及合約、法令的文本必須以此種方式傳遞。

## 3.巡店方式

對單店進行巡店是督導最重要也是最基本的日常工作方式。透過巡店，督導能夠深入觀察並瞭解單店的運營情況，現場解決問題，提升單店的作業能力以及協調與企業之間的關係。一般情況，督導巡店的內容包括以下方面：

①巡店週期。

直營體系中，督導對單店的巡店一般是每月 1～2 次。加盟營運體系中，督導對單店的巡店和對受許人的拜訪每季不少於 1 次。

②巡店前準備。

a.為切實有效地推進企業工作，督導必須對區域內所有直營單店及加盟單店進行定期巡店。

b.明確巡店目的並嚴格制定工作計劃。

c.檢查督導工具是否準備妥當(如單店目標管理表、工作計劃表、現場管理表、店長考核表等)。

d.調整自己的狀態，確保巡店時可以高效工作。

③巡店目的。

a.以實際幫助單店解決或改善問題為目的，每次著重解決一個重點問題或改善一個問題。

b.以現場管理表的內容來核查單店的工作。

c.檢查上一階段佈置任務的落實情況。

d.對單店表現出的優點或進步給予關注並表彰。

e.確定下一階段的工作重點，並預約下次巡店的時間。

④巡店任務。

a.單店檢查：單店的出勤、紀律、衛生狀況，海報位置是否正確，收銀台是否整潔等。

b.商品管理：商品陳列核查與指導、商品品質檢查、暢銷品的補充、庫存商品的盤點、滯銷商品的撤換等。

c.人員督察：檢查人員的操作是否符合標準、人員的工作狀態是否良好等。

d.經營分析：掌握單店業績構成要素，合理分析銷售業績，為業績改善與提升提供有效的策略。

e.與受許人溝通：督察受許人合約履行情況，協調相互間的關係。

f.現場會議管理：利用現場會議、早會及晚會對問題進行分析與解決，調節會議氣氛，要求所有人員積極參與並落實會議內容。

⑤巡店後的任務。

a.記錄巡店情況。

b.尋求幫助與支持：對於無法靠督導個人能力解決的問題，利用工作呈報表及時彙報，並尋求企業的支持及指導。

c.持續跟進，確保改善成效。

### 4.會議方式

根據不同的會議組織對象和會議目的，督導需要主持或參加的區域會議包括區域培訓會、區域店長會、區域受許人會以及其他工作會議。

# 八、督導銷售過程的工作流程

顧客成交並不是一個自動產生的結果，銷售技巧也不是一個感性或隨意而為的行為，店鋪的銷售業績的產生要依靠嚴格的管理。從銷售流程規範、店鋪業績的構成到店鋪銷售的促進都是通過規劃、執行、修正而獲得的結果。

店鋪銷售督導的重點在於監督店鋪銷售流程執行的規範性、營業人員的銷售能力、銷售技巧。督導必須始終致力於持續提升店鋪的銷售能力與銷售成績，幫助店鋪獲得突出的業績。

綜合店鋪銷售督導工作的基本流程特點，店鋪銷售督導的工作流程，主要分為以下幾個步驟。

第1步，建設店鋪銷售體系

(1)根據企業經營目標、店鋪人員作業能力、商品特徵、主力客群、服務承諾等各項因素確定店鋪的銷售管理範圍與管理標準。

(2)根據店鋪銷售體系的整體規劃對銷售流程、銷售規範、促銷手段等各項銷售要素制定具體、翔實的標準。

(3)根據銷售標準設定銷售評估與考核體系。

第2步，進行日常店鋪銷售工作

(1)對店鋪人員進行全方位的銷售培訓，力求全員掌握必需的銷售技能。

(2)嚴格按銷售流程與規範進行對顧客進行銷售。

(3)推動與銷售相關的各項活動，如店鋪銷售指標分析、銷售個案分析、店鋪應對性銷售促進方案計劃等。

(4)落實重大促銷方案。

## 第 3 步，店鋪銷售督導

(1)定期制定銷售督導計劃，明確銷售督察重點、對象、時間等。

(2)觀測營業人員銷售力及銷售規範執行情況。

(3)觀測店鋪整體銷售要素展開情況。

(4)對店鋪銷售管理進行現場指導。

## 第 4 步，店鋪銷售評價

(1)建立完善的店鋪銷售評價制度。

(2)對營業人員個體銷售能力與執行程度進行準確的分析。

(3)對店鋪整體銷售能力與銷售體系推進情況進行準確的評價。

(4)向企業及店鋪及時通報銷售評估結果。

(5)依據評估結果指導店鋪排除障礙、改善銷售。

## 第 5 步，提升店鋪銷售力

(1)持續展開店鋪銷售系統評價與督察。

(2)對店鋪銷售體系進行系統性與前瞻性的規劃與修正。

(3)持續對店鋪營業人員個人銷售技能進行提升。

(4)致力於店鋪銷售力的持續提升。

# 第 5 章

# 督導商店的培訓工作

　　督導師對商店員工的崗位培訓是一項重要工作。崗位培訓履歷記錄了被培訓者需要培訓的課程、已完成的培訓課程、培訓課程的評估等，以此作為員工發展和晉升的依據。

　　崗位培訓履歷是針對連鎖企業被培訓崗位需要接受的培訓實施進度及完成情況而設計的一種跟蹤檔案，此檔案記錄了被培訓者需要培訓的課程、已完成的培訓課程、培訓課程的評估等，以此作為員工發展和晉升的依據。

## 一、見習店長培訓履歷

　　1.培訓目的：

　　根據見習店長的職位要求設置課程，使見習店長掌握必需的技能，以便更好地接手新工作。

　　2.培訓分類：

　　店長需要接受的培訓包括兩種方式：集中培訓和日常訓練。

集中培訓需要在總部進行，培訓完成包括 11 門課程，如下表所示：

### 表 5-1　見習店長集中培訓課程表

| 培訓課程 | 培訓方式 | 計劃課時(H) | 備註 |
|---|---|---|---|
| 崗位工作職責 | ☐培訓 | 1 | |
| 門店工作流程與標準 | ☐培訓<br>☐演練 | 4 | |
| 管理者的角色轉換 | ☐培訓<br>☐演練 | 2 | |
| 早/晚會主持 | ☐培訓<br>☐演練 | 1 | |
| 內部拓展技巧 | ☐培訓<br>☐演練 | 2 | |
| 門店人事管理 | ☐培訓 | 2 | |
| 有效溝通與員工激勵 | ☐培訓<br>☐演練 | 2 | |
| 細節決定成敗 | ☐培訓 | 2 | |
| TTT企業培訓師培訓 | ☐培訓<br>☐演練 | 5 | |
| 商務禮儀 | ☐培訓<br>☐演練 | 1 | |
| 見習店長提升課程 | ☐培訓 | 6 | |

## 二、店長培訓履歷

### 1. 店長培訓項目

(1)培訓目的：

根據店長的職位要求設置課程，使店長掌握必需的技能，以便更好地接手新工作。

(2)培訓分類：

店長需要接受的培訓包括兩種方式：集中培訓和日常訓練。

集中培訓需要在總部進行，培訓完成包括 10 門課，如下所示：

表 5-2　店長集中培訓課程表

| 培訓課程 | 培訓方式 | 計劃課時(H) | 備註 |
|---|---|---|---|
| 崗位工作職責 | □培訓 | 0.5 | |
| 店長工作流程與規範 | □培訓<br>□演練 | 4 | |
| 開店流程與規範 | □培訓<br>□演練 | 2 | |
| 會議管理 | □培訓<br>□演練 | 2 | |
| 外部拓展技巧 | □培訓<br>□演練 | 1 | |
| 目標與計劃管理 | □培訓 | 2 | |
| 時間管理 | □培訓 | 1 | |
| 門店選址流程與操作規範 | □培訓 | 2 | |
| 領導力培訓 | □培訓<br>□演練 | 2 | |
| 店長能力提升課程 | □訓練 | 2 | |

## 2.培訓履歷使用說明

(1)角色與職責

①受訓者(店長)：

· 遵循店長成長階段及培訓流程，進行培訓；

· 保持積極進取的工作態度；

· 關心公司和門店的相關資訊。

②區域經理：

· 負責店長在該門店的培訓及工作；

· 指導、管理及控制知識及崗位培訓的進程；

· 定期與店長會談，並填寫評估報告；

· 在每個培訓階段與店長進行會談及鑑定，確保培訓計劃的順利執行；

· 參與小組會談，並最終評估決定店長是否能勝任。

③輔導員(一般是區域經理、資深店長等)：

· 制定和執行店長培訓計劃；

· 在整個培訓期間評估受訓者的崗位培訓報告；

· 評估培訓成果並瞭解每位受訓者的進步。

(2)使用說明

①店長培訓履歷使用週期為四個月，受訓者必須在此期間按時完成各項培訓和訓練內容，完備各項培訓和訓練記錄。

②店長培訓履歷使用期間，將由輔導員每月對其日常訓練表現進行評估，並填寫「日常訓練表現評估表」，輔導員每月將「日常訓練表現評估表」及時複印，傳真或 E-mail 至人力資源部存檔。

· 日常訓練表現評估表

培訓履歷使用結束之前，由區域經理對受訓者在任職期間的工

作表現進行綜合評估，完成「工作表現評估表」，並交至人力資源部存檔，作為對受訓者的培訓考核評估的一項依據。

· 工作表現評估表

店長培訓履歷的順利完成，並且各項課程通過考核，將表明受訓者已經能夠勝任該崗位，具有了進一步晉升的基礎。

區域經理負責跟蹤店長培訓履歷進度情況，及時調整和改善。

# 三、店長工作改善措施報告

## 1. 工作改善措施報告

⑴工作改善措施報告是受訓者的最後一份作業，其要求是針對目前公司連鎖門店某一環節中存在的問題，制定一個解決方案。

⑵這份報告包括受訓者在店面工作一段階段時間後，針對工作改善措施報告制定的行動計劃和目標的實施結果。

⑶這份報告必須在店面工作之後進行準備，在小組會談中進行演示，由店長做最終評估。

⑷只有通過小組會談的店長，才能正式成為本店內的訓練講師或輔導員。

⑸工作改善措施結果報告優秀者，擁有優先晉升權。

## 2. 報告的格式和結構：

A. 列印在 A4/70 克 白紙上

B. 字體：中文，宋體 10

C. 邊緣：左邊 4 釐米，頂部 4 釐米，右邊 3 釐米，底部 3 釐米

D. 封面：透明塑膠膠片

E. 封底：較厚的褐色紙張

F. 請自行列印第一頁，參見小組討論封面的範本

G. 公司名稱

H. 課題名稱

I. 姓名及編號

J. 輔導員

K. 城市和店名

I. 月份及年份結構

## 第一部份：介紹

Ⅰ. 標題

Ⅱ. 前言

Ⅲ. 目錄

Ⅳ. 列舉數據表及照片(如需要)

Ⅴ. 專業術語列表

## 第二部份：內容

Ⅰ. 開始部份(問題產生的背景，問題闡述，解決方案等)

Ⅱ. 方法(對比行動計劃及實施結果)

Ⅲ. 結論和提議


# 四、(案例)您是一名優秀的督導師嗎？

　　督導人員的待質、職責及所需的專業知識，說明督導人員所從事的是一項隨時面臨不同挑戰的工作。而工作的環境也提供了督導人員多方面學習的機會，使督導人員不得不多涉獵、鑽研各方面的知識。

## 【自我測評】　您是一名優秀的督導嗎？

| 優秀督導員的特徵 | A很好 | B較好 | C一般 | D較差 | E很差 |
|---|---|---|---|---|---|
| (1)正確地傳達總部的經營理念、方針及決策 | | | | | |
| (2)能夠對加盟店營業額目標的完成提出有效的計劃 | | | | | |
| (3)對於加盟店所發生的問題能進行持續且具體化的輔導 | | | | | |
| (4)對與加盟店有關的店務、商圈及消費者情況能正確搜集、分析與評估 | | | | | |
| (5)督導各加盟店遵守與總部的契約並活用作業手冊 | | | | | |
| (6)定期而持續地巡迴視察各加盟店 | | | | | |
| (7)定期遞交所管轄的加盟店運作情況報告至總部 | | | | | |
| (8)有信心地發揮領導統御才能 | | | | | |
| (9)建立與加盟店之間彼此信賴的人際關係 | | | | | |
| (10)以公平客觀的態度來對待各加盟店 | | | | | |
| (11)能耐心地傾聽各加盟店的抱怨及所遭遇的困難，並且迅速查出問題的根源 | | | | | |
| (12)信守對加盟商的承諾 | | | | | |
| (13)偶爾也能當加盟商個人的諮詢對象，提出建議，解決私人問題 | | | | | |
| (14)自我鑽研與連鎖有關的相關知識和技巧 | | | | | |
| (15)隨時充實其他領域的知識，培養廣博的知識及視野 | | | | | |

　　督導店鋪時，必須有明確的預期和目標，並對下屬的執行行為給以積極的回饋。在正式與非正式的督導工作中，建立評估終端的績效標準，並跟蹤和觀察團隊的行為，幫助其找出差距，進行績效的輔導。

# 第 **6** 章

# 督導商店的陳列管理工作

　　店鋪商品陳列是指把商品及其價值,通過空間的規劃,利用各種展示技巧和方法傳達給消費者,進而達到銷售商品的目的。作為品牌與消費者的視窗,商店的形象直接決定消費者是否購買該品牌產品,督導師要對商品的陳列方式加以重視,對於消費者的購物心理有著很大影響。

## 一、店內用具的使用規範

門店的區域劃分有以下幾種方法:

按品類:銷售台、NB、數碼、外設等。

按功能性質:陳列銷售區(展示台、貨櫃、貨架等)、體驗區、收銀台、休息區、工作間等。

按陳列銷售區位置:銷售黃金區、白銀區等。一般黃金區在主通道的兩側和顧客進入店內視線最容易看到的陳列區,而白銀區則較次之。

### 1.陳列用具使用規範

展示台：展示台主要用於陳列消台 PC、NB 等大件商品，各展示台必須保持整齊劃一，展示台之間縫隙要達到最小化。

陳列架：陳列架是佈置、美化店內牆壁的重要用具。陳列架的高度和寬度同門店的空間和商品的尺寸大小相一致。陳列架一般陳列數碼和外設等小商品。為了容易被看到，小商品不宜放置在陳列架裏邊，而應放置在前面，讓顧客容易看到。對於敞開式陳列架，要求讓顧客用手可以夠到的商品，必須放在 160 釐米以下；上層放置的高度，要以店員的手夠得到的範圍為最佳。

陳列道具：指安裝在陳列台上的用來吊掛和擺放商品的小陳列用具，一般是需要裸露陳列的商品使用它，用它來補充大的陳列用具的不足；或者為使平面陳列有高低起伏的變化而使用的道具。道具的使用，便於顧客產生聯想，從而刺激購買欲。

但是也要注意：不要勉強使用與商品大小不合適的陳列道具；不一定非要使用很貴的材料用具，使用金屬工具、塑膠用具有時一樣美觀大方，不要造成不必要的浪費；避免使用不適應季節變化的形狀和顏色。

陳列櫃：形狀小、價格高的商品，或容易變色、汙損的商品，必須放在陳列櫃裏，其他商品都可以敞開陳列。選擇陳列櫃陳列時，要研究其高度和擱板的寬度，使之很好地與商品相配合。另外，陳列櫃裏商品太少而顯得過空不好，過多又會像商品倉庫一樣，所以商品陳列櫃顯示有豐盛的氣氛但又不顯擁擠為最好。

### 2.店堂燈光及音樂使用規範

(1)店堂燈光投射及應用說明

燈光的重要性，良好的燈光可以產生很神奇的效果，燈光是產

品展示的有效工具，對銷售週轉週期的長短有著重要的影響。燈光所產生的效果遠遠超出了光線本身，好的燈光效果可以營造出舒適的購物環境，將產品的陳列以很具誘惑力的方式表現出來。

基礎照明：基礎照明開始就被固定在相應的位置，之後無需對它們進行調整，唯一需要注意的是：確保所有的燈具正常運作。

重點照明：天花板上作為重點照明的射燈需要有效地投射到需要突出的產品上。對於我們來說，每次調整牆面及店鋪內的陳列方式後都需要去調整投射的角度。同時需要注意的是，每當因為顧客或者因為清潔移動過店鋪內的道具及商品後，必須將它們歸位到燈光的照射下。

⑵店堂音樂使用規範

規範門店音樂，其實包含兩層意思：一個是音樂的播放，一個是視頻的放映。播放和放映可以通過電腦或者專門的播放設備。視頻放映公司的企業文化宣傳短片、風景片等都可以。

門店的音樂播放一定要選擇能讓人心情舒暢，愉悅歡快的音樂，如注重旋律，結合不同電子音樂元素的輕音樂和民族、古典、爵士之類的名曲。

特別注意的是節日(春節、耶誕節、國慶、五一等)促銷活動的音樂要特別選擇，一般選擇比較歡快、流行的樂曲。

備註：根據國際慣例，在經營場所通過專業技術設備播放的音樂必須要考慮到是否產生侵權，以免造成投訴，引起不必要的麻煩。

## 二、宣傳資料使用規範

門店的宣傳物料有條幅、吊旗、海報、KT板、宣傳單頁、標誌、

LOGO 等。這些物料是門店的廣告，商品的廣告。所有這些都是為了營造賣場氣氛，對陳列主題和促銷宣傳的推廣。

宣傳物料的布放空間有上空的吊旗、條幅、燈箱、LOGO，牆上的噴繪，櫃上的海報、KT 板、台卡，機上的價格牌，機邊的宣傳單。不同空間的宣傳物料起不同的作用。空中的宣傳物料引導人流，吸引顧客走近各區域；櫃上的海報、KT 板、台卡提示顧客駐足觀望商品或活動的主題；機上價格牌起產品功能表達作用；機邊的宣傳單是對顧客的一種強化宣傳。

條幅的內容最好是宣傳主推產品或當期活動，其次為形象宣傳或服務承諾。條幅的色彩要鮮豔奪目，印刷做工要精細，文字要精練簡明，朗朗上口，尺寸要不大不小（先丈量上報，後製作發放）。

懸掛要整齊美觀無折皺。吊旗懸掛要整齊劃一，橫向和縱向個數保持一致。海報要少而精緻，隨寫隨換，畫面設計要大膽、主題鮮明、排版科學，有視覺衝擊力。張貼在最搶眼的位置，如門店門口、門柱、展櫃背板、牆壁等。

宣傳單頁分產品宣傳單和活動宣傳單兩種，產品宣傳單用得好可以縮短與顧客交易的時間，用書面參數彌補口說無憑的不足；活動宣傳單是當期活動的提示和細則。對於有產品宣傳單的商品一定要在其旁邊或下面放置宣傳單，與商品一一對應，且數量不少於 50 張。活動宣傳單應放置在門口顧客易見、易拿處，數量不少於 30 張，數量少時應及時補充，活動結束一定要及時撤下或更換。

KT 板是門店臨時宣傳和告示所用，通常用作台式放置，例如：在收銀台、電腦展示台、貨櫃最上面一層等。

標誌包括價格牌、價格簽、功能牌、指示卡、台卡、授權證書、榮譽證書等。

價格標誌的使用：在門店裏同類商品的價格標誌都要統一字體，統一格式。電腦商品的價格牌必須整齊劃一，沒有污漬，沒有破損。消台台式價格標籤一律放置在機箱上方或內側，NB 台式價格標籤一律放置在商品兩側。需要更換新標誌時，價格一定要與零售價一致。

功能牌、指示牌卡、台卡必須與商品一一對應，由於顧客接觸而出現位置移動之後，店面人員一定要及時復位。

授權證書、榮譽證書指該產品授權證明、門店所獲榮譽獎項等，應突出擺放於體驗區，經常擦拭，保持明亮，使顧客感受到門店的正規和實力。

LOGO 是公司品牌的圖文表達，它是消費者記憶和識別品牌的標誌。所有的門店都要使用統一，保持完整和清潔。

表 6-1　門店陳列技能學習檢查表

| | 檢查內容 | 被檢查人 | 檢查時間 | 掌握情況 | 備註 |
|---|---|---|---|---|---|
| 1 | 門店區域劃分 | | | | |
| 2 | 門店陳列八大原則 | | | | |
| 3 | 門店陳列方法規範 | | | | |
| 4 | 門店陳列形態規範 | | | | |
| 5 | 門店生動化陳列規範 | | | | |
| 6 | 門店宣傳物料使用規範 | | | | |
| 7 | 門店燈光及音樂使用規範 | | | | |
| 8 | 門店陳列色彩知識 | | | | |

### 表 6-2　門店陳列要求表

| | 陳列要求 | 備註 |
|---|---|---|
| 1 | 按照消台、NB、數碼、外設、小商品等不同品類集中擺放商品 | |
| 2 | 電腦商品每個系列至少有一台樣機開機 | |
| 3 | 電腦商品開機樣機根據當期的牆紙屏保展示方案 | |
| 4 | 門店重點商品應放置在有效陳列範圍的黃金帶內 | |
| 5 | 電腦商品應適當地和其他小商品進行搭配組合，實現關聯銷售 | |
| 6 | 商品應正面面向通路一側，使顧客容易看見 | |
| 7 | 陳列器具、裝飾品和 POP 不要影響顧客觀察視線和燈光照明 | |
| 8 | 保持陳列器具和陳列商品的乾淨整齊 | |
| 9 | 門店商品儘量敞開陳列，小件貴重商品需封閉陳列 | |
| 10 | 門店應選擇合適的商品進行主題陳列和季節陳列 | |
| 11 | 充分利用公司統一發放的小飾品等佈置物對電腦商品和其他商品進行搭配佈置，增加商品的吸引力 | |
| 12 | 商品陳列應當保持適當間距，防止過於擁擠和空曠 | |
| 13 | 商品陳列應每月進行適當的調整，保持新鮮感和時令性 | |
| 14 | 宣傳資料應當擺放有序 | |
| 15 | 懸掛要整齊美觀，無折皺 | |
| 16 | 主入口或主通道應有條幅或海報，懸掛位置醒目，主畫面無遮擋 | |
| 17 | 每類產品宣傳單不少於 50 張，每類活動宣傳單不少於 30 張 | |
| 18 | 產品宣傳單與產品相對應 | |
| 19 | 價格標誌統一，沒有污漬，沒有破損 | |
| 20 | 價格標誌擺放整齊，移動之後，及時復位 | |
| 21 | 其他標誌整齊、乾淨 | |
| 22 | 店內燈光工作正常 | |
| 23 | 保證重點商品照明 | |
| 24 | 店內無異常雜訊 | |
| 25 | 音樂播放健康，不影響顧客正常交流 | |

## 三、視覺行銷

近年來，「視覺行銷」這個詞語不時地出現在我們的視線中。所謂視覺行銷實際上是陳列促銷的代名詞。而這陳列又往往以商品陳列為主，所以，將商品的陳列促銷做好也就意味著把店鋪的主要運營環節做好了。至於商品陳列在企業終端的意義，已經有人做了形象的比喻，它被人們稱為「靜態的行銷員」，被視為「決勝終端」的重要一環。研究表明，商品的陳列方式對於消費者的購物心理有著很大影響，好的商品陳列同樣可以促進消費者的消費慾望。那麼作為督導來說，如何將視覺行銷進行到底，也將直接決定著店鋪的行銷業績。

### 1. 商品陳列是企業的第二張臉

隨著人們消費觀念的改變，消費者要「購買」的已不只是商品本身，他們開始關心品牌所體現的文化、帶來的精神訴求。而終端店鋪是品牌與消費者的視窗，它的形象直接決定消費者是否購買該品牌產品。

陳列就是從細小的地方體貼顧客，使他們在感受陳列環境的同時願意逗留並購買產品。

店鋪商品陳列是指把商品及其價值，通過空間的規劃，利用各種展示技巧和方法傳達給消費者，進而達到銷售商品的目的。

店鋪陳列所展示的企業形象包含的內容如下。

· 綜合形象：經營效益、企業管理、基礎工作。

· 產品形象：包裝裝潢、產品品質、新產品設計開發。

· 個人形象：管理者、員工的職業素養的培訓、提升。

- 服務形象：服務效率、服務技巧、服務態度。
- 店鋪形象：店鋪外觀造型、設施設備、店鋪陳列、購物環境。
- 視覺形象：標誌、標準字體、吉祥物、口號等。
- 應用系統：辦公事務、辦公環境、交通運輸、廣告、網路傳播等。

　　品牌的店鋪陳列是經營者與消費者信息傳播與溝通的最直接橋樑。店鋪的陳列包括賣場的規劃和商品的展示陳列，它正是企業形象的集中體現。

　　商品陳列是以商品為主題，利用各種商品特有的形狀、體積、色彩、式樣、性能等，通過陳列藝術造型，向顧客展示商品的特點，提高商品的感染力，深化顧客對商品的瞭解。它依靠視覺感受與顧客建立起廣泛的溝通關係，是商品的「門面」和顧客購買商品的嚮導。商品陳列也是一種傳統的零售現場廣告。

　　(1)反映特色，促進銷售

　　商品陳列主要利用銷售現場中的真實商品，直接為顧客提供對商品瞭解、記憶和信賴的服務，從而激發起他們的購買慾望和購買行為。商品陳列是商品促銷手段中最廣泛、最直接有效的宣傳方法。

　　(2)傳遞信息，喚起需求

　　商品陳列能夠將商品的外觀、性能，規格、特徵等信息，迅速傳遞給顧客，由其自主選擇，同時可以減少詢問，縮短挑選時間，加速交易過程。同時，如果將當季的主打產品放在顧客一進門就可以看到的視野內，就會刺激顧客的眼球，從而可以達到良好的刺激顧客購買的作用。

　　將最新商品擺在最前面、最上面，將最新信息告知顧客，以一種無聲的方式引導顧客的購買。

⑶改善店容，美化環境

商品陳列經過精心的藝術化處理，具有很高的審美價值，它能在增強商品質感的同時，給顧客帶來愉快的環境氣氛和美的感受。

⑷賦予產品新的生命

陳列將是未來品牌的一個新的上升空間，讓賣場好看，讓產品好賣就是陳列的目的。美國的櫥窗設計領域資深專家馬丁‧ M‧ 派格勒說：「設計、燈光、道具能賦予產品生命。」如果說設計創造了產品，那麼，陳列就是賦予產品新的生命，詮釋品牌理念，展示品牌文化，提升品牌形象。

⑸提升品牌

隨著品牌意識的增強，大多數的企業都認識到，在自己產品的賣場若不能突出產品的獨特個性，平鋪直敍地賣產品恐怕很難在林立的店鋪中吸引顧客。

從市場競爭的角度看，品牌越往高層走，陳列的作用就會越來越重要。如果陳列做得好，消費者也許本來只想買一件產品，現在會考慮買下陳列的一整套產品，這就是陳列的魅力。如果賣場陳列不好，形象不好，供貨再及時，快速反應做得再好，銷售業績仍會出現問題。

國際品牌大多十分重視賣場終端的形象，店面如能正確運用商品的配置和陳列技術，銷售額可以在原有基礎上提高 10%以上，陳列的作用由此可見一斑。

⑹創造友善的購物空間

商品陳列的目的，主要是為了吸引顧客購買，而不僅僅是讓顧客看著高興。實用的商品陳列，美觀只是一個方面，最重要的是能夠在吸引過來消費者購買之後，還會方便消費者的消費。一切以顧

客為中心，以顧客的舒適為第一要義，如果陳列出了問題，將會嚴重影響商品的銷售，影響經營者的業績和收入。

(7)提升商家和商鋪形象

陳列水準可以看出來一個品牌或者店鋪的品位，店鋪和商品就是品牌的門面，優美的、舒適的、讓人身心愉悅、易於購買的商品環境，容易引起顧客的好感，提升品牌和商鋪的形象。

## 2.不同的陳列方法產生不同的促銷效果

陳列並不是將商品隨意地放在一起或者擺放在顯眼的位置就可以，而是有相對來說比較規範的技巧以及方法。

(1)主題陳列

給商品陳列設置一個主題的陳列方法。主題應經常變換，以適應季節或特殊事件的需要。它能使專賣店創造獨特的氣氛，吸引顧客的注意力，進而起到促銷商品的作用。

(2)整體陳列

將整套商品完整地向顧客展示，例如將全套產品作為一個整體，利用道具模型完整地進行陳列。整體陳列形式能為顧客作整體設想，便利顧客的購買。

(3)整齊陳列

按貨架的尺寸，確定商品長、寬、高的數值，將商品整齊地排列，突出商品的量感，從而給顧客一種刺激，整齊陳列的商品通常是店鋪想大量推銷給顧客的商品，或因季節性因素顧客購買量大、購買頻率高的商品等。

(4)隨機陳列

就是將商品隨機堆積的方法。它主要是適用於陳列特價商品，以給顧客一種「特賣品即為便宜品」的印象。採用隨機陳列法，所

使用的陳列用具一般是圓形或四角形的網狀框，另外還要帶有表示特價銷售的提示牌。

⑸盤式陳列

實際上是整齊陳列的變化，表現的也是商品的量感，一般是將裝有商品的紙箱底部作盤狀切開後留下來，然後以盤為單位堆積上去，這樣可以加快商品陳列速度，也在一定程度提示顧客可以成批購買。

⑹定位陳列

指某些商品一經確定了位置陳列後，一般不再作變動。需定位陳列的商品通常是知名度高的名牌商品，顧客購買這些商品頻率高、購買量大，所以需要對這些商品給予固定的位置來陳列，以方便顧客，尤其是老顧客。

⑺關聯陳列

指將不同種類但相互補充的商品陳列在一起。運用商品之間的互補性，可以使顧客在購買某商品後，也順便購買一旁互補的商品，要打破商品類別間的區別，表現消費者生活實際需求。

⑻比較陳列

將相同商品按不同規格和數量予以分類，然後陳列在一起。這種方式的目的是，利用不同規格包裝的商品之間價格上的差異來刺激消費者的購買慾望，促使其因價廉而做出購買決策。

⑼分類陳列

根據商品品質、性能、特點和使用對象進行分類向顧客展示。它可以方便顧客在不同的樣式、品質、價格之間挑選比較。

⑽島式陳列

在店鋪入口處、中部或者底部不設置中央陳列架，而配置特殊

陳列用的展台。它可以使顧客從四個方向觀看到陳列的商品。島式陳列的用具較多，常用的有平台或大型的網狀貨筐。島式陳列的用具不能過高，太高的話會影響整個店鋪的空間視野，也會影響島式陳列的商品透視度，妨礙顧客觀看和選擇。

### 3.陳列細節不容忽視

對商品的陳列進行系統化的設計、規劃，一般要遵循以下原則。

⑴突出核心或重點商品的特點。例如，對暢銷商品、新款商品、特色鮮明的商品和正在促銷的商品等，在陳列上要與其他商品有所區別，儘量給人以強烈的視覺感受。

⑵突出品牌。要將品牌的標誌放在最醒目的位置，讓消費者一眼就能辨認出來，同時，標誌要足夠吸引眼球。

⑶講究藝術手法和巧妙的構思。充分運用照明、背景、道具等造型手段和工具，形成獨特的藝術語言、完美的藝術造型、和諧的色彩對比，從而準確有效地表現和突出陳列的主題，使人一目了然、心情舒暢。

⑷突出個性，避免雷同。在商品陳列時，獨特性、創新性正是為了順應顧客追求個性化的心理，鮮明的個性化風格，獨特的設計創意能讓人耳目一新、過目不忘。

⑸商品的陳列要以人為本。商品的陳列要以人為本，在對商品進行陳列的時候，一定要考慮到消費者的感受和便利，一切以消費者的利益為導向。

此外，還有一些更細微的地方需要注意，例如店鋪的清潔、產品的色彩作用、陳列產品的數量、正確的燈光、陳列形式的新穎、陳列要整齊、上架貨品要檢驗、注意店鋪的黃金點、陳列用品的品質、天氣變化、產品庫存狀況等，這些都是不容忽視的極為細小的

問題，督導在工作中要引起注意。

# 四、加強貨品的庫存控制

店鋪經營性質不同，對商品庫存的要求也不同，但無論那種店鋪在經營過程中加強對貨品的控制，都不失為一項很有必要的工作。存貨本身不是目的，是企業資金投入後經過採購或生產，希望通過良好的運營替企業將商品換取為現金並創造利潤的過程。對終端企業的流行特性而言，如存貨無法轉換為現金，而以資產顯示在報表的帳面上，隨著時間的推移，它的價值將越來越低。非但如此，它還增加了企業的負擔。因此，做好存貨管理不只是把賬做出來，把貨看好就沒事了；應該積極地把貨品進行分類整理，分析存貨構成的特性，提供給各營業店鋪做銷售用。

## 1. 存貨過剩的原因

知道了存貨的不良後果以後，我們應該清楚加強庫存的必要性了。讓我們感到疑問的是，這些過剩的存貨都是從那裏來的呢？或者說，是什麼導致了存貨過剩現象的發生呢？讓我們來看一看其具體原因。

### ⑴對未來的市場做出了錯誤的判斷

對總體環境中的政治、經濟、社會文化、人口、技術發展、資源、環保、國際局勢等因素，產業環境中的產業規模、供應商、競爭廠商、中間商、顧客等因素及產品市場環境中的產品市場規模、價格、通路、產品發展趨勢等因素，都應有相當準確的資訊及判斷。如果做出與未來發展不同的預測，引進與市場脫節的商品，則不可能獲得顧客的認同，也就容易造成存貨積壓。

⑵商品的構成不能滿足顧客的需求

商品組合是否完整？商品的花色、款式、尺碼、規格是否能針對消費者的需求？有市場需求的商品沒生產或採購，沒有市場需求的商品採購了，就會變成不受歡迎的存貨！

⑶商品政策不正確

存貨如果已經產生了，最重要的是應迅速尋找方法予以處理。一般負責商品企劃的管理人員常會有錯誤的認識：視存貨的多少來決定新商品的生產量。商品受消費者歡迎的因素有很多，不應該通過如此簡單的分析就決定下一季的商品政策。

⑷商品品質不能符合顧客要求

有瑕疵的商品，不但不可能賣出去，而且就是銷售後也將被顧客退回。這類商品在庫存中就成了永遠壓箱底的存貨。

⑸行銷能力差

如果店員的銷售能力或廣告促銷的能力不及其他競爭者，市場的萎縮很快就會使存貨增加。

⑹無零庫存的觀念

做商品計劃時，即預留無法售出的貨品比例或數量，以此消極的態度面對市場，銷售部門就不會有積極性的行為來處理當季銷餘的商品，日積月累的結果就是堆積如山的存貨。

各店鋪以自身的銷售利益為優先考慮，在貨源充足就能滿足顧客的不同需求、銷售業績就高的想法下，商品銷售週轉率的要求被放置一邊，當一季結束時所有的商品集中在一塊兒，倉庫就被為數可觀的存貨佔據了。

## 2.有效管理庫存的方法

原因找到了，那麼如何來進行有效的庫存控制呢？這裏介紹幾

個比較有效的管理庫存的方法，希望能對督導人員有所借鑑。

(1)降價求現法

對於那些庫存過多的滯銷品而言，降價求現是最佳的處理方法。當然，降價會損及專賣店的毛利(率)，但換個角度來看，如果滯銷品不降價求售，不但會囤積成本，還會佔據場地。對特許專賣店而言，良好的資金運用、流動以及高利用率的賣場才是立於不敗之地的先決條件。

(2)物有定量定位法

將商品的陳列位置固定，如此一來，相關人員一眼就能看出那種商品該訂貨了，以免造成重覆訂購。另外，專賣店管理者必須針對專賣店銷售情況及供貨情形，擬出每項商品的最小訂購量和安全庫存量，以供訂貨參考。

(3)週全採購計劃法

做好週全的採購計劃，以免因對商品力和銷售力的認識錯誤而造成滯銷品的大量採購，形成死貨。良好的採購計劃應對商品的品質、售價、成本、毛利、付款事項、進退貨事項、活動贊助等詳加考量，並針對本店的消費群的消費習性及促銷活動內容、專賣店的庫存狀況，適時適量採購適當商品。

(4)掌握商品週轉率法

所謂商品週轉率，是指某固定期間庫存的商品可以週轉多少次而收回資金。週轉率愈高表示商品愈好賣。不同行業有不同的商品週轉率，我們對週轉率的標準尚缺乏具體的統計資料，業者往往是根據自己的經驗及參考同業的相關資料來設定。準確掌握商品週轉率，可以避免因庫存額過高而影響專賣店經營效率。

# 第 7 章

# 督導商店的衛生管理工作

商店的清潔衛生管理，是購物環境的重要部份，督導師要督導店面人員依據公司相關制度規範，開展連鎖店清潔衛生管理，為消費者提供清潔、衛生的購物環境，促進消費者形成良好的購物體驗。

連鎖店清潔衛生管理是購物環境的重要部份，店面人員應當依據公司相關制度規範，開展連鎖店清潔衛生管理，為消費者提供清潔、衛生的購物環境，促進消費者形成良好的購物體驗。

## 一、店面衛生維護

### 1. 衛生區域劃分

⑴連鎖店店長要負責承擔區域內的安全、衛生責任，應嚴格按區域負責制原則落實到個人，做到營業現場各區域、各班次都有人負責店面衛生，維護該連鎖店品牌形象。

⑵各連鎖店店長應按營業現場面積、銷售商品的品類，店面各

區的功能，根據門店人數和排班時間安排員工負責，做到門店所有區域都責任到人，不留任何衛生死角。

展台區及區內商品由門店導購人員負責；

店內收銀台由收銀人員負責；

門店內公用區域，包括地板、柱子、牆面、冷氣機設備、衛生間安排門店員工輪流負責；

門店週邊衛生安排門店員工輪流負責。

### 表 7-1　店鋪形象表

| 項目 | 類別 | 要求 | 備註 |
|---|---|---|---|
| 衛生 | 招牌 | 明亮、乾淨，損壞燈管及時更換（每月一次） | |
| | 門頭、櫥窗 | 玻璃光潔、明亮、無汙跡(每日一次)；展示台無雜物、無灰塵，並隨時保持整潔；門框無褪色 | 需在客流量較少時處理 |
| | 牆壁 | 保持潔白無痕跡，每半，年刷新一次 | |
| | 地板 | 明亮、光潔，無髒物，每天擦一次，隨時保持清潔 | |
| | 展示櫃、架 | 無灰塵 | 不允許留有任何污漬 |
| | 商品 | 整潔、無灰塵 | |
| | 各種燈具、燈箱 | 明亮、無塵，每週擦一次 | |
| | 地毯 | 乾淨無泥 | 徹底清洗 |
| | 收銀台(電腦) | 整齊、乾淨 | |
| | 裝飾品 POP標牌 | 無破損，無灰塵 | |
| | 倉庫 | 乾淨整潔，分類擺放 | |
| | 衛生間 | 乾淨、無異味，用具擺放整齊 | |

## 2.區域衛生責任

(1)對所負責區域的展台及商品須做到隨時保潔，POP、價簽和宣傳單頁及時整理。

(2)負責區域地面有廢紙雜物時，由當日負責的店員負責清理。

(3)地面衛生出現較大問題(如積水等需要使用清潔工具的)，當日負責的店員必須及時清理。

## 3.店面衛生的監督

(1)店長負責每日店面衛生的監督、巡查，根據區域負責制的執行情況對區域責任人進行檢查和處罰。

(2)分部店面管理部對店面進行定期檢查，分部檢查結果將定期公佈，並記入店長「非銷售業績考核」成績。

(3)總部將不定期組織抽查，在抽查中店面衛生較差的，可直接對店長處以 5 分(即 50 元/次)處罰。(待定)

心得欄 _____

_____

_____

_____

_____

_____

## 4.門店衛生日流程

### 表 7-2　門店衛生日流程

| 時間（待定） | 事項 |
|---|---|
| 8：05～8：20 | 每日早上門店員工在 8：05 到達門店，開始整理本責任區域衛生，區分更換不需要物品，並打掃各自區域的衛生 |
| 8：20～8：30 | 早會：<br>店長或者值班店長檢查，員工是否穿好工服，戴好工牌，儀容儀表是否按照公司的要求執行 |
| 8：30 | 門店開始營業 |
| 8：30～9：00 | ‧ 店長或者值班店長檢查門店衛生打掃情況<br>‧ 店面商品陳列是否佈置妥當，商品是否達到公司規定的清潔標準<br>‧ 門店內各區域是否打掃乾淨，有無灰塵、汙跡，是否達到公司規定的店面衛生標準<br>‧ 門店週邊有無雜亂、汙跡，是否達到公司規定的門店週邊衛生標準 |
| 12：00～13：30 | 午餐時間，輪流用餐 |
| 13：30～14：30 | ‧ 每日下午門店比較空閒時，店長或者值班店長應進行一次衛生全面檢查<br>‧ 員工儀容儀表、店內衛生情況、商品陳列是否良好<br>‧ 做好衛生檢查工作，協助現場接待顧客 |
| 19：30～19：40 | 員工負責打掃各自區域的衛生 |
| 19：40～19：50 | 晚會：<br>‧ 當天工作總結、次日重要工作佈置<br>‧ 清理現場，關閉全部電路、水路，關閉大門<br>‧ 晚班下班 |

註：門店營業期間，只要門店及門口範圍出現汙跡、果皮、紙屑、地面積水等情況，應立即由負責人打掃。

## 二、商品衛生標準

### 1. 店面樣品衛生標準

⑴連鎖店內所有樣板商品，包括樣機、贈品、禮品等，需要定期清潔，商品無灰塵、汙跡。

⑵展示台保持乾淨、明亮，整潔、新穎，不得隨意移動樣板商品。

⑶關注店面的商品整潔情況，特別是易髒的商品，如白色家電。

⑷展示台上展示的商品，可考慮保留部份原包裝，如家電螢幕上的保護膜不要撕去。如有必要可以在外殼上粘貼保護膜，以防劃傷，同時利於清潔。

⑸禁止隨地亂放樣品或者存貨，臨時存放後及時歸位，並打掃地板。

### 2. 庫存商品衛生標準

⑴每日清潔並保持店面倉庫、貨品乾淨，保證無雜物或明顯汙跡。

⑵倉庫貨品擺放整齊，商品、禮品、用品分區陳列。

### 3. 連鎖店店面衛生標準

店面衛生清潔內容包括店門口、店內地板、牆壁、柱子、玻璃、展示區、收銀台、辦公區、店面倉庫、運營設備(如桌椅、冷氣機、排氣扇、電風扇等)、垃圾桶、洗手間。

⑴門口的清理

· 門口應打掃乾淨，店面門口週圍、外部通道無紙屑、果皮及明顯汙跡；

‧發現有廢棄的包裝物或垃圾時，要隨時清理；

‧雨天，門口須放置踏墊並定期清洗更換。

⑵店內地板經常清潔，無腳印以及汙跡

‧每天必須將地板清理乾淨，保持「四無」，有髒汙現象要隨時清理；

‧掃帚及拖把不可隨意放置於門店內，應放置於指定地方；

‧如遇雨天，要注意入口處的衛生清潔，拖地時應儘量保持地面的乾爽，避免顧客滑倒。

⑶保證牆壁、柱子、玻璃乾淨衛生

‧牆面無破損和蜘蛛網。

‧牆面裝飾物、POP 應合適放置、無損毀。

‧擦拭玻璃時，使用玻璃清潔劑、布或報紙，發現頑固污漬時，隨時用去松香水擦淨。

⑷展台陳列區域的清理

‧展示台要保持乾淨，無汙跡、灰塵，不在展示台上堆放雜物、飲料等，以免損壞家電；

‧展台玻璃上不得有手印；

‧價格牌、報價牌擺放整齊，無灰塵、汙跡，無破損；

‧商品無灰塵、汙跡。

⑸收銀台清潔

‧收銀台上面不可堆置雜物，保證台面乾淨明亮；

‧收銀台各種計算器、釘書機等用品及印表機、驗鈔機等設備均須整齊擺放，方便使用；

‧存放於收銀台的各種表格、文檔須歸類清楚，方便查找。

(6)辦公區清潔

· 辦公區桌椅乾淨、整齊；

· 各種物品擺放整齊，保持乾淨；

· 地面無紙屑、無煙頭、無汙跡、無積塵。

(7)店面倉庫清潔

· 倉庫不可堆置雜物，保證貨品整齊乾淨；

· 地面保持「四無」；

· 存放於倉庫的各種表格、文檔須歸類清楚，方便查找。

(8)運營設備的整潔

· 顧客休息、洽談用的桌椅須每日擦拭乾淨；

· 各項辦公設備如電腦、印表機、電話機、傳真機等，須保持乾淨光亮；

· 辦公機器可使用清潔劑輕輕擦拭（勿任意使用酒精或去漬油擦拭，以免破壞設備表面材質）；

· 消防栓、電錶箱、電燈開關無汙跡、灰塵和蜘蛛網。

(9)垃圾桶的清理

· 垃圾若裝滿時應及時清理；

· 大件垃圾或紙箱等要立即清除，不可任意放置於賣場中；

· 每日垃圾的清理工作應安排值日人員負責。

(10)洗手間衛生標準

· 地面無明顯汙物、雜物、紙屑、煙頭；

· 便池暢通、清潔，洗手池無明顯鏽跡、雜物；

· 牆面乾淨、無汙跡、沒有亂寫亂畫；

· 保持空氣流通，無嚴重異味；

· 連鎖店週邊衛生標準；

　　為保證良好的環境，連鎖店須主動負責維護門店週邊地區的清潔活動，保持連鎖店週邊衛生環境清潔。

- ・門前地面：無明顯泥沙、污垢、煙頭、紙屑、雜物。
- ・外立面：幕牆玻璃：乾淨、明亮；
- ・牆面：無亂塗亂劃。
- ・綠色植物：盆裏無煙頭等雜物，盆外側無積塵，無污漬。
- ・促銷用品：橫幅、拱門、太陽傘等完好無損，無明顯汙跡。

## 三、連鎖店衛生檢查執行規定

　　⑴店長是連鎖店衛生工作的全權負責人，須每日親自或安排人員監督檢查店面衛生兩次或三次，並責令相關人員整改。

　　⑵員工是連鎖店保潔工作的具體負責人，維持良好的衛生環境是門店每個員工的工作職責之一。

　　⑶值班店長協助店長開展連鎖店清潔衛生的每日監督檢查工作。根據檢查結果責令相關人員進行整改，把衛生執行情況作為員工工作考核的標準之一。

　　⑷門店可設立每週或每日衛生督導，具體執行衛生即時檢查工作。

　　⑸每月由店面管理部對所轄門店進行衛生抽查。

# 四、督導師工具表單

## ⑴店長每日衛生巡查表

### 表 7-3　店長每日衛生巡查表

門店名稱：　　　　　　　　　　　　　年　　月　　日

| 檢查項目 | 檢查情況 | 記錄 | 8：15 營業開始前 | 15：00 營業中 | 19：30 營業結束 | 備註 |
|---|---|---|---|---|---|---|
| 一 | 員工儀容 | | | | | |
| 二 | 商品清潔 | 門店樣品 | | | | |
| | | 庫存商品 | | | | |
| 三 | 店面衛生 | 門口 | | | | |
| | | 地面 | | | | |
| | | 牆壁、柱子 | | | | |
| | | 玻璃 | | | | |
| | | 展示區 | | | | |
| | | 收銀台 | | | | |
| | | 辦公區 | | | | |
| | | 倉庫 | | | | |
| | | 運營設備 | | | | |
| | | 垃圾桶 | | | | |
| | | 洗手間 | | | | |
| 四 | 店面週邊衛生 | | | | | |
| | 店長簽名 | | | | | |

註：合格的項目畫√，不合格的項目畫×，「備註」中註明不合格各項存在的問題。

## (2)各區清潔檢查表

### 表 7-4 公共區域(門口、地面、柱子、玻璃)清潔檢查表

| 日期 | 清潔負責人 | 檢查人 | 檢查日期 | 檢查情況記錄 |
|------|------------|--------|----------|--------------|
| 星期一 | | | | |
| 星期二 | | | | |
| 星期三 | | | | |
| 星期四 | | | | |
| 星期五 | | | | |
| 星期六 | | | | |
| 星期日 | | | | |
| 備註 | | | | |

## (3)商品展示區清潔檢查表

### 表 7-5 商品展示區清潔檢查表

| 日期 | 清潔負責人 | 檢查人 | 檢查日期 | 檢查情況記錄 |
|------|------------|--------|----------|--------------|
| 星期一 | | | | |
| 星期二 | | | | |
| 星期三 | | | | |
| 星期四 | | | | |
| 星期五 | | | | |
| 星期六 | | | | |
| 星期日 | | | | |
| 備註 | | | | |

## ⑷倉庫清潔檢查表

### 表 7-6　倉庫清潔檢查表

| 日期 | 清潔負責人 | 檢查人 | 檢查日期 | 檢查情況記錄 |
|---|---|---|---|---|
| 星期一 | | | | |
| 星期二 | | | | |
| 星期三 | | | | |
| 星期四 | | | | |
| 星期五 | | | | |
| 星期六 | | | | |
| 星期日 | | | | |
| 備註 | | | | |

## ⑸辦公區清潔檢查表

### 表 7-7　辦公區清潔檢查表

| 日期 | 清潔負責人 | 檢查人 | 檢查日期 | 檢查情況記錄 |
|---|---|---|---|---|
| 星期一 | | | | |
| 星期二 | | | | |
| 星期三 | | | | |
| 星期四 | | | | |
| 星期五 | | | | |
| 星期六 | | | | |
| 星期日 | | | | |
| 備註 | | | | |

## (6)收銀台清潔檢查表

### 表 7-8　收銀台清潔檢查表

| 日期 | 清潔負責人 | 檢查人 | 檢查日期 | 檢查情況記錄 |
|------|-----------|--------|----------|--------------|
| 星期一 | | | | |
| 星期二 | | | | |
| 星期三 | | | | |
| 星期四 | | | | |
| 星期五 | | | | |
| 星期六 | | | | |
| 星期日 | | | | |
| 備註 | | | | |

## (7)運營設備清潔衛生檢查表

### 表 7-9　運營設備清潔衛生檢查表

| 日期 | 清潔負責人 | 檢查人 | 檢查日期 | 檢查情況記錄 |
|------|-----------|--------|----------|--------------|
| 星期一 | | | | |
| 星期二 | | | | |
| 星期三 | | | | |
| 星期四 | | | | |
| 星期五 | | | | |
| 星期六 | | | | |
| 星期日 | | | | |
| 備註 | | | | |

### (8)洗手间清潔檢查表

表 7-10　洗手間清潔檢查表

| 日期 | 清潔負責人 | 檢查人 | 檢查日期 | 檢查情況記錄 |
|---|---|---|---|---|
| 星期一 |  |  |  |  |
| 星期二 |  |  |  |  |
| 星期三 |  |  |  |  |
| 星期四 |  |  |  |  |
| 星期五 |  |  |  |  |
| 星期六 |  |  |  |  |
| 星期日 |  |  |  |  |

### (9)門店週邊衛生清潔檢查表

表 7-11　門店週邊衛生清潔檢查表

| 日期 | 清潔負責人 | 檢查人 | 檢查日期 | 檢查情況記錄 |
|---|---|---|---|---|
| 星期一 |  |  |  |  |
| 星期二 |  |  |  |  |
| 星期三 |  |  |  |  |
| 星期四 |  |  |  |  |
| 星期五 |  |  |  |  |
| 星期六 |  |  |  |  |
| 星期日 |  |  |  |  |

備註：

衛生打掃時間一天兩次，早上營業前和晚上營業結束後。

門店地面發現果皮、紙屑、汙跡、水漬等應及時打掃。

檢查合格則在檢查表「檢查情況記錄」欄畫√，不合格畫×，並註明不合格的原因。

檢查表可裝訂成本子，根據實際情況掛在相應區域的牆上或閘上。

衛生檢查情況是考核員工的依據之一。

## ⑽加盟店店長作業流程表

### 表 7-12　店鋪作業流程

| 時間 | 工作項目 |
|------|---------|
| 營業前 | ⑴當班負責人按標準站姿立於店前，嚮導購微笑問候「早上好」<br>⑵自行準時打卡<br>⑶當班負責人安排人員打開各種用電設備、營業設施<br>⑷按公司標準進行儀容、著裝整理<br>⑸當班負責人召開晨會<br>・檢查儀容、儀表及出勤情況<br>・安排陳列變更及衛生區域的劃分<br>・閱讀交接班記錄<br>⑹按衛生標準開展衛生工作<br>⑺按陳列標準進行陳列工作<br>⑻當班負責人進行衛生與陳列的檢查<br>⑼瞭解庫存，確定是否補貨 |
| 營業中 | ⑴店長或助理店長安排迎賓<br>⑵開展導購服務<br>⑶進行進銷存帳本的填寫<br>⑷配送貨業務（當班負責人按程序進行驗、收貨）<br>・按單驗收並清潔貨品<br>・店員給貨品打價簽<br>・將標價產品上櫃陳列或入庫並整理倉庫<br>⑸早晚班交接<br>・晚班人員按公司標準進行儀容、著裝整理<br>・收銀交接（銷售單與現金核對）並及時到銀行存貨款<br>・開交接班會<br>・早晚班分兩側站立<br>・早班負責人閱讀交接班記錄（彙報昨天、當天營業情況及早班銷售情況），做相應的表揚和檢討<br>・店長對員工總結與致謝<br>⑹根據當天銷售與庫存情況，準備備貨清單<br>⑺電腦輸入（銷售單、特殊訂單）<br>⑻維持賣場整潔（衛生及陳列） |

續表

| 營業後 | (1)店長或助理店長監督收銀員整理貨款和票據，並將現金放入保險櫃以及進行日結和數據傳輸 |
|---|---|
| | (2)店長或助理店長將當天銷售情況及有關事宜記於交接班本上 |
| | (3)按衛生標準整理賣場衛生 |
| | (4)妥善安排專人進行安全檢查(門窗是否鎖好，營業用品是否收妥，貴重物品是否存放到規定存放處，檢查倉庫、洗手間及其他留人處，確保場內無人存留) |
| | (5)安排專人關閉用電設備(電腦、冷氣機、音響、照明等) |
| | (6)打開防盜系統，關門上鎖(兩人保管鑰匙)，互道晚安 |

## ⑾督導業務檢查表

### 表 7-13　督導業務檢查表

| 時段 | 類別 | 項目 | 檢查 | |
|---|---|---|---|---|
| | | | 是 | 否 |
| 營業前 | 人員 | (1)店員是否正常出勤 | | |
| | | (2)店員是否按計劃要求開展工作 | | |
| | | (3)儀容服裝是否依照規定 | | |
| | 商品 | (1)所缺商品是否安排補齊，是否有專人跟蹤 | | |
| | | (2)問題產品是否撤離貨櫃架 | | |
| | | (3)促銷貨品的POP是否已張貼或懸掛 | | |
| | | (4)貨品是否及時做好陳列 | | |
| | | (5)店員是否掌握近兩天店內貨物暢銷款及滯銷款款號 | | |
| | | (6)櫥窗陳列是否符合標準 | | |
| | 衛生 | (1)入口處是否清潔 | | |
| | | (2)地面、玻璃、貨櫃、貨架、收銀台等是否清潔 | | |
| | | (3)廁所是否清潔乾淨 | | |
| | | (4)產品是否乾淨整潔 | | |
| | 其他 | (1)開店前五分鐘是否播放音樂 | | |
| | | (2)音樂的音量是否控制適當 | | |
| | | (3)賣場燈光是否控制適當 | | |
| | | (4)收銀員零錢是否已準備 | | |
| | | (5)前一日營業報表是否上交 | | |
| | | (6)晨會中是否合理設定當日銷售目標，並鼓勵店員士氣 | | |

- 132 -

| | | | | |
|---|---|---|---|---|
| 營業中 | 商品 | (1)類別、款型、風格、碼數是否存在缺口<br>(2)貨架商品陳列感覺是否足夠，是否要補貨<br>(3)POP與商品標準價是否一致<br>(4)是否存在滯銷商品陳列過多，暢銷品陳列面積太小是否適當 | | |
| | 賣場整理 | (1)投射燈是否開啟<br>(2)賣場地面是否維持清潔<br>(3)賣場是否有污染品或破損品 | | |
| | POP | (1)POP是否陳列或遭汙損<br>(2)POP張貼位置是否適當，書寫是否正確，尺寸大小是否合適<br>(3)POP訴求是否有力 | | |
| | 服務 | (1)賣場是否聽到標準服務用語<br>(2)是否協助購物多的顧客提貨出門<br>(3)客戶投訴及諮詢時是否有效地服務<br>(4)客戶退換貨是否有效解決 | | |
| | 其他 | (1)冷氣溫度是否定時確認<br>(2)傍晚時分招牌燈是否開放<br>(3)賣場音樂是否正常播放，音樂類別的選擇是否適合<br>(4)進貨驗收是否照規定進行<br>(5)標籤紙是否隨手丟棄<br>(6)賣場指示牌是否正確<br>(7)交接班人員是否正常運作<br>(8)前一日營業額是否繳銀行<br>(9)有否派店員對競爭店調查 | | |
| 營業後 | 賣場 | (1)是否仍有顧客滯留<br>(2)賣場音樂是否關閉<br>(3)店門是否關閉<br>(4)招牌燈是否關閉<br>(5)門窗是否關閉<br>(6)冷氣機等用電設備是否關閉 | | |
| | 現金 | (1)是否保證每天電腦記錄(帳本)、貨款相符<br>(2)作廢發票是否簽字確認<br>(3)當日剩餘營業現金是否完全鎖入保險櫃<br>(4)其他 | | |

# 第 *8* 章

# 督導商店的收銀管理工作

　　收銀工作的好壞直接影響到績效收益。收銀作業的內容
包括：營業前的清潔整理、收銀機的設置與修理、核實商品
的銷售價、收款作業、結算和工作後整理等。收銀員作業規
範是對收銀作業的工作內容提出具體要求。

## 一、商店的收銀作業

　　收銀作業的區域範圍除了包括為顧客結賬的收銀櫃台之外，還
有包裝台和服務台。收銀作業的內容一般包括：營業前的清潔整理、
收銀機的設置與修理、核實商品的銷售價、收款作業、結算和工作
後整理，收銀作業的基本流程大體可分為營業前作業、營業中作業
和營業後作業。

　　賣場開始營業前，收銀員必須進行一系列準備工作，包括清潔
整理收銀作業區、整理補充必備的物品、補充收銀台附近貨櫃的商
品、準備好零錢、檢驗收銀機、收銀員服裝儀容檢查、熟記並確認
當天特價品及晨會禮儀訓練等。在零售企業賣場營業中，收銀作業

的主要內容是收銀與整理作業。零售企業賣場店鋪營業後，收銀作業的主要工作是結算事宜。具體內容包括：清點現金、關閉收銀機電源、整理清潔收銀台週圍環境等。賣場收銀作業的基本流程具體情況見表 8-1。

表 8-1　賣場營業的收銀作業內容

| 基本流程 | 作業內容 |
|---|---|
| 營業前的收銀作業 | 清潔、整理收銀作業區：①收銀台、包裝台；②收銀機；③收銀櫃台四週地板、垃圾桶；④收銀台前頭櫃；⑤購物車、籃放置處 |
| | 整理、填充必備的物品：①購物袋(所有尺寸)、包裝紙；②圓磁鐵、點鈔油；③衛生筷子、吸管、湯匙；④必要的各式記錄本及表單；⑤膠帶、膠台；⑥乾淨抹布；⑦筆、便條紙、剪刀；⑧釘書機、訂書針；⑨統一發票、空白收銀條；⑩鈴鐘或警鈴；裝錢布袋；「暫停結賬」牌 |
| | 補充收銀台前頭櫃的商品 |
| | 準備收銀機內的定額零錢：①各種幣值紙鈔；②各種幣值硬幣 |
| | 驗收銀機：①發票存根聯及收銀聯的裝置是否正確，號碼是否相同；②機內的程式設定和各項統計數值是否正確或歸零 |
| | 收銀員服裝儀容的檢查：①制服是否整潔，且符合規定；②是否佩戴識別證；⑨髮型、儀容是否清爽、整潔 |
| | 熟記並確認當天特價品、變更售價商品、促銷活動，以及重要商品所在位置 |
| | 準備服務台出售的各種速食品或飲料，如可樂、爆玉米花 |
| | 補充當期的特價單、宣傳單；準備當天的廣播稿、早會禮儀訓練 |
| 營業中的收銀作業 | 招呼顧客、為顧客提供結賬服務、為顧客提供商品入袋服務 |
| | 特殊收銀作業處理：①贈品兌換或贈送；②現金抵用券或折價券的折現；③禮券或印花的贈送；④折扣的處理 |
| | 無顧客結賬時：①整理及補充收銀台各項必備物品；②整理購物車、籃；③整理及補充收銀台前頭櫃的商品；④兌換零錢；⑤整理顧客的退貨；⑥擦拭收銀櫃台，整理環境 |
| | 收銀台的抽查作業、顧客作廢發票的處理、中間收款作業、保持收銀及週圍環境的清潔、協助、指導新人及兼職人員、顧客詢問及抱怨處理、收銀員交班結算作業、單日營業總額結賬作業 |
| 營業後的收銀作業 | 整理作廢發票以及各種點券、結算營業總額、整理收銀台及週圍的環境、關閉收銀機電源並蓋上防塵套、擦拭購物車、籃並定位、協助現場人員處理善後工作、清洗烹調速食的器具、關閉服務台各項電器用品的電源(如音響、麥克風等) |

## 二、收銀作業守則

收銀員作業規範是對收銀作業的工作內容提出具體要求。

收銀員作業規範的內容應包括：收銀員作業守則、收銀員結算作業規範、收銀禮儀規範、處理各種支付手段規範、收銀員裝袋包裝作業規範、收銀員離開收銀台的作業規範、營業結束後收銀機的管理規範、購物折扣作業規範、本店員工的購物管理規範、收銀機發票使用的規範、收銀員對商品的管理規範、收銀時價格確認作業規範、商品調換和退款管理規範、營業收入的作業管理規範、收銀錯誤的作業管理規範。

現金的收受處理是收銀員相當重要的工作之一，這也使得收銀員的行為與職業道德格外引人注意。為此賣場必須制定收銀員收銀作業守則。

(1)收銀員身上不准攜帶現金。收銀員在作業時，如當天帶有大額現金，並且不方便放在個人的寄物櫃時，可請店長代為存放在店內金庫。

(2)收銀台不可放置任何私人物品。收銀台隨時會有顧客付款，或臨時刪除購買的品項，若有私有物品放置在收銀台，容易與顧客的貨物混淆，引起他人的誤會，但茶水除外。

(3)收銀員不可擅自離崗。收銀櫃台內有金錢、發票、禮券、單據等重要物品，如果擅自離崗，將使品行不端者有機可乘，造成店內的損失。而且當顧客需要服務時，也可能因為找不到工作人員而引起抱怨。

(4)收銀員不能為自己的親朋好友結賬。這樣做既可避免收銀員

利用職務上的方便，以比原價低的價錢登錄至收銀機而謀利親友，同時也可避免引起不必要的誤會。

⑸收銀員不可任意打開收銀機的抽屜查看數字或點算金錢。當眾點算金錢也容易引起他人注目，造成安全上的隱患。

⑹收銀員不可嬉笑聊天。應隨時注意收銀台前的動態，如有任何狀況，應及時通知主管處理，如有不啟用的收銀通道也必須用鏈條圍住。

此外，收銀員應熟悉賣場的服務政策、促銷活動、當期特價品、重要商品的位置以及各種相關信息。收銀員熟悉了上述各種規範及信息，除了可以迅速回答顧客的詢問，也可主動告知，促銷店內商品，讓顧客有賓至如歸、受到重視的感覺，同時還可以提升商店的業績。

## 三、收銀結算作業規範

收銀結算作業包括歡迎顧客、商品登記、收取顧客貨款、找錢、商品入袋以及送客等程序，其規範見表 8-2。

### 表 8-2　收銀結算作業規範

| 步驟 | 收銀標準用語 | 配合的動作 |
|---|---|---|
| ①歡迎顧客 | · 歡迎光臨 | · 面帶笑容，與顧客的目光保持接觸<br>· 等顧客將購物車上的商品放在收銀台上<br>· 將收銀機的活動螢幕面向顧客 |
| ②商品登錄 | | · 左手拿取商品，並找到條碼，如沒有就找出其代碼<br>· 右手持掃描器，掃描商品的條碼，如無條碼，則輸入其代碼，以便正確地登錄在收銀機內<br>· 登錄完的商品必須與未登錄的商品分開放置，避免混淆<br>· 檢查購物車底部是否還留有尚未結賬與未掃描登錄的商品 |
| ③結算商品總金額，並告知顧客 | 總共××元 | · 將空的購物籃從收銀台上拿開，疊放在一旁<br>· 若無他人協助裝袋工作時，收銀員可以趁顧客拿錢時，先行將商品裝袋，但是在顧客拿現金付賬時，應立即停止手邊的工作 |
| ④收取顧客支付的金錢 | 收您××元 | · 確認顧客支付的金額，並檢查是否為假鈔<br>· 將顧客的現金以磁鐵壓在收銀機的磁片上<br>· 若顧客未付賬，應禮貌地重覆一次，不可表現不耐煩的態度 |
| ⑤找錢給顧客 | 找您××元 | · 找出正確的零錢<br>· 將大鈔放下面，零錢放上面，雙手將現金連同發票交給顧客<br>· 待顧客沒有疑問時，立刻將磁片上的現金放入收銀機的抽屜內並關上 |
| ⑥商品裝袋 | | · 根據裝袋原則，將商品依序放入購物袋內 |
| ⑦誠心地感謝 | 謝謝！歡迎再度光臨 | · 一手提著購物袋交給顧客，另一手托著購物袋底部。確定顧客拿穩後，才可將雙手放開<br>· 確定顧客沒有遺忘購物袋<br>· 面帶笑容，目送顧客離開 |

# 第 *9* 章

# 督導商店的形象識別系統

CIS 設計應突出本企業特色，豐富企業內涵，引起顧客及社會大眾的注意及聯想。企業識別系統，即 CIS 系統，能有效整合和提升企業、品牌形象，以全方位展示企業整體性實力，從而達到更深層次的吸引消費者的目的。

## 一、企業識別系統(CIS)的構成

CIS 系統能有效整合和提升企業、品牌形象，以全方位展示企業整體性實力，從而達到更深層次的吸引消費者的目的。

### 1.零售業 CIS 的構成

可以將企業 CIS 的三系統比喻成一個人的三方面：試想，一個沒有任何個性的人，當你與他見面後，再埋首於繁忙的工作中，你會很快想不起他是誰。而另一個人，外衣是當季最新款的時裝，舉止彬彬有禮，談吐幽默風趣與眾不同，相信在一段時間過去後，你還能想起他。這就是 CIS 的最大也是最基本的優點。

完整的 CIS 系統由三個子系統構成：理念識別系統 MIS(Mind

Identity System)；行為識別系統 BIS(Behaviour Identity System)；視覺識別系統 VIS(Visual Identity System)。三者只有相互推進，共同作用，才能形成最佳的 CIS 效果(表 9-1)。

### 表 9-1　零售企業 CIS 系統的構成

| 構成 | 定義 | 表現 | 例子 |
|---|---|---|---|
| 理念識別系統 MIS | CIS 的核心與原動力，包括企業經營哲學、經營宗旨、經營理念和價值觀等意識文化方面的東西，它賦予企業以靈魂，是整個 CIS 設計的基礎 | 理念識別系統是一個商店由內向外地擴散其經營理念，貫徹企業精神，可以達到使公眾深刻認識其識別目標及有力塑造賣場獨立形象的效果 | 美國麥當勞速食店的理念識別系統概括為 QSCV 四個字母：意為：高品質的產品(Quatity)，快捷微笑的服務(Service)，優雅清潔的環境(Clean)及物有所值(Value) |
| 行為識別系統 BIS | 企業確認自己的理念之後，必須制訂出一套使理念具體化的措施，使理念由抽象化過渡為具體操作化，企業行為系統是理念識別系統動態形式的外化與表現 | 它體現在企業內部的制度、組織、管理、教育等方面及企業外部的促銷、公關等各項活動中 | 麥當勞公司確定了自己的 QSCV 理念後，就制訂了一套系統的行為規範來表現它，包括營業訓練手冊 OTM，崗位檢查表 SOC，品質導正手冊 OG，管理人員訓練 MDT，從洗手消毒等有關細節至管理都用準則程序加以規範，無所不包，確保了 QSCV 的貫徹 |
| 視覺識別系統 VIS | 企業在 MIS、BIS 的基礎上向外界傳達的全部視覺形象的總和。視覺識別系統是最外在、最直觀、最形象生動的靜態識別符號 | 它通過具體可見的視覺符號，對外傳達商店的經營理念與情報信息，是 CIS 中最有感染傳播力，影響廣泛的識別子系統，能快速而明確地達到認知與識別的目的，塑造出賣場的個性形象 | 麥當勞公司將 Mcdonal 的 M 設計為金黃色雙拱門，象徵著美味與歡樂，象徵著麥當勞的「QSCV」像磁石一般不斷地將顧客吸進這座歡樂友好之門。無論你身在何處，只要一見到這個金黃色雙拱門，就能引你進入一個享受速食的天堂 |

## 2.導入 CIS 的原則

CIS 設計不是漫無目的的遊戲，而是在一定原則指導下的具體操作。

### (1)高度統一性原則

CIS 中的 MIS、BIS、VIS 猶如一棵樹的根、莖、葉，三者需遵循統一性原則，互相補充交映成輝才能形成一個完整的「樹」的形象。因此，CIS 設計首要一點就是神形兼備、表裏一致、言行統一，而絕不是純視覺化的美學設計或空洞無力的口號。

統一性在 VIS 系統中表現得最為顯著。企業名稱、企業標誌、企業標語、企業建築、廣告文案等需通過規範的標準字、標準色方式來進行整合，這樣方可達到重覆訴求的目的，收到事半功倍的形象宣傳及提升效果。這正如麥當勞公司總裁戴雷・克雷克說的：「只要標準統一，而且持之以恆，堅持標準就能保證成功。」

### (2)個性原則

CIS 的基本功能是識別。因此，CIS 設計應突出本企業特色，通過精心設計的表現形式，引起顧客及社會大眾的注意及聯想，進而使人們在領會企業豐富內涵的同時，形成對企業的認可、信任甚至是依戀。

CIS 設計切忌盲目模仿，人云亦云。一個連基本標誌都粗製濫造，模仿抄襲其他企業的商店必然難以打動顧客。盲目追求購物環境的西洋化、高檔化常會收效甚微。

CIS 設計應是各個商店對時代潮流、民族文化、企業經營的歷史和文化等多方面體會與總結的精煉，也是商店對未來發展的高瞻遠矚及美好心願。一個好的 CIS 需構思新穎，能從語言、圖形、色彩等幾方面形成良好的特色及識別性。

⑶戰略性原則

CIS 設計是一種戰略，是全面推出企業形象的系統戰略。CI 策劃絕不是一個簡單的視覺問題，而是對企業未來 10 年、20 年甚至更長時間所做的規劃。CIS 設計是一項高智慧的活動，是關係到商店前途及命運的工作，工作中的一個錯誤就可能損害一個企業。為此，在進行 CI 策劃時，必須對企業的內外運作、內外環境、市場情況及發展前景進行全面的瞭解與考察，並與全體員工們一起從戰略的角度來完成全部工作；CIS 設計的每一個細節都須仔細斟酌審查，來不得一點馬虎。

# 二、CIS 的實施步驟

零售業實施 CIS 的步驟有：CIS 啟動階段、CIS 現狀調查階段、CIS 設計開發階段與 CIS 實施管理階段。

## 1. CIS 啟動階段

為適應零售企業發展競爭及賣場環境的需要，由零售業最高領導層作出 CIS 啟動計劃。這時，為保證 CIS 設計流程的順暢完成，需深入細緻地進行大量導入前的準備工作。

啟動階段的主要工作有營造 CIS 的氣氛與組建 CIS 委員會。

零售企業現場氣氛離不開商店全體員工的集思廣益，離不開全體員工的攜手奮進。CIS 導入實施過程應是全體員工共同參與及投入的過程。在廣大員工尚不熟識 CIS 這一新生事物的情況下，加快 CIS 基礎知識和基礎理論的宣傳普及將成為 CIS 導入前期的關鍵性工作。

零售業可通過講座及內部刊物等形式，進行 CIS 意識的灌輸和啟蒙，以便為 CIS 的導入實施營造出熱烈有利的輿論氣氛，並為 CIS

的實施奠定堅實的力量支柱。

　　CIS 委員會是零售企業導入、實施及推進 CIS 計劃的權威性內外關係協調及聯絡機構，是 CIS 計劃順利完工的組織保證。

　　CIS 委員會由零售企業主要負責人兼任委員會主任並由最高決策層直接領導。CIS 委員會一般 10～15 人，由各部門所派代表構成。但大型零售企業為有效推行 CIS，可專設獨立的 CIS 指導中心或專門機構。

## 2. CIS 現狀調查

　　CIS 導入機構確立後，所要做的第一件事就是進行 CIS 的內外部環境調查，以明瞭商店形象現狀，掌握商店實際狀況與內外部期望的偏差，摸清與競爭對手形象的差別與距離，從而為 CIS 的導入確定準確的座標。

　　CIS 調查方法如表 9-2。

### 表 9-2　CIS 調查方法

| 項目 | 內容 | 目的 |
|---|---|---|
| 與最高決策層交流溝通 | 直接訪問零售企業主要負責人，詳盡瞭解商店宗旨，發展規劃、價值取向、經營理念等高層決策者的思路 | 確立 CIS 計劃的整體思路及目標指向 |
| 內部員工調查 | 對員工進行訪談或問卷式調查，詳細瞭解零售企業的歷史文化，熟悉零售企業現狀及發展脈搏 | 向員工徵集有關塑造商店形象的點子、思路 |
| 社會公眾調查 | 通過社會公眾調查，直接有效地體驗零售企業的綜合形象和實態現狀 | 考察零售企業的知名度及美譽度 |
| 市場調查 | 確定目標市場及其特性，瞭解需求發展變化趨勢 | 為 CIS 制訂及有效推行提供外部依據 |
| 競爭者情況調查 | 設定確立競爭對手，比較本零售企業與競爭對手的差異，瞭解競爭對手在塑造形象方面的策略以及媒介和公眾對競爭對手的評價 | 由此揚長避短，在 CIS 計劃中確定相應的對策 |

知名度指零售企業在社會公眾中的知曉程度及由此產生的知曉效應，美譽度指社會輿論及公眾對零售企業的評價或讚譽。

### 3.CIS 的設計開發

這一階段是零售企業導入實施整個 CIS 戰略計劃的重點和主體（流程如圖 9-1 所示）。

圖 9-1　CIS 設計流程

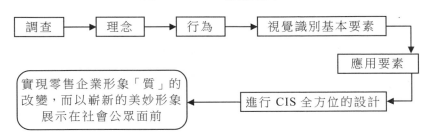

### 4. CIS 的實施管理

CIS 計劃開發完成後，緊接著就是考慮 CIS 成果的發佈演示，即借助各種媒介，如 CIS 指南、員工手冊、視、聽、材料、黑板報、廣播、電視、雜誌、新聞發佈會、信息發佈會等等。對內部員工和對外部公眾發佈 CIS 成果，使內部員工和外部公眾都能認知及感受新的商店形象。

CIS 第一次計劃完成後，需要建立一個高效精幹的 CIS 發展管理部門機構，由該機構管理、協調 CIS 推進過程時繁雜的具體事物。同時，由該機構根據所暴露的問題及商店的實際狀況，修正完善 CIS 設計系統中的不足或失誤之處，並為第二次 CIS 計劃的推行做好有關準備。

# 三、對商店的評估考核

　　督導部門評估考核的主要對像是所有直營店、加盟店，包括直營店、合作店和加盟店及其工作人員。同時，總部督導部又承擔著對分部督導人員的評估考核職能。

## 1. 評估考核辦法

### ⑴現場觀察法

　　督導人員通過現場的仔細觀察，發現各連鎖店的衛生、商品陳列、店員的形象及待客禮儀、銷售服務等是否符合公司的要求，並詳細記錄下來。

### ⑵提問或訪談法

　　督導人員現場提問，現場回答。此種評估考核的結果仍然要記錄在督導檢查表上，作為有效考核。此種方法一般用來調查門店員工對門店管理的操作規範、工作標準以及商品陳列等知識的理解與掌握情況。

### ⑶筆試或現場操作法

　　在特殊情況下，如需調查門店員工對相關知識與能力的掌握情況時，可以進行筆試或現場操作的考核。

### ⑷互相調換督導的考核法

　　同時，為了保證督導資訊的真實性和可靠性，各督導人員可以互相調換，督導人員之間互相監督，如同一地方不同時期由不同人員去督導的方法。

## 2. 評估考核內容

　　日常性督導涉及的考評內容主要是：連鎖門店的門店規範及服

務規範、品牌使用情況及相關特許合約約定條款的檢查評估(針對具
有自主經營權的加盟店)。

專題性督導涉及的內容包括：門店員工各項專業知識技能的測
試、門店各級管理人員的管理能力民意評估、員工態度考評、顧客
滿意度評估、團隊月考評等。

(1)日常性督導評估考核內容

①門店規範及服務規範考評：

日常性督導的考評主要包括日常衛生、消防狀況、陳列、貨架、
文件管理、商品庫存情況等門店規範內容，以及員工的儀容儀表、
服務形象、收銀、促銷及銷售導購規範等。

日常性督導考評是經常性的考核評比項目，根據督導人員對各
門店的當月門店及服務規範的檢查情況作出評估計分，並作為門店
團隊月考評的依據。

②品牌使用情況檢查表：

針對具有自主經營權的加盟店，督導應增加其對品牌使用情況
的檢查以及在特許經營合約中涉及到的相關約定條款的檢查。

(2)專題性督導評估考核內容

門店各項專業知識技能的測試：

連鎖企業督導體系必須對門店的所有人員進行工作勝任度及工
作能力的考評，可以採用隨機演練實操抽查和問卷的形式進行測試。

督導部人員在巡店過程中，可以對門店員工進行隨機的基本技
能的考察，檢查其使用的熟練掌握程度，可以採用實地演練和操作，
詳細做好抽查的記錄，並在現場給予指導和改正。

督導部在各個時期根據門店的工作需要而制定所需的專業知識
技能的書面測試，被測試人包括門店員工、店助、店長等。目的在

於讓連鎖企業終端門店各級人員對自身的專業知識技能有更清晰的認識，並保證在各時期，終端門店員工能有足夠的專業能力水準來進行銷售工作。

(3)書面測試卷的發放、回收及評卷方法

①對門店員工、店助的測試可以在所有連鎖店同一時間開展，連鎖企業門店管理部門可以在測試前一天通知所有門店，各店長應通知好所有員工參加測試。

連鎖企業門店管理部門於測試當天晚上接近打烊時間時，將電子測試券發於各門店郵箱。等門店打烊後，店長將測試卷列印出來，下發於員工開始測試。測試過程由店長監督，測試完成後由店長回收考卷，於次日中午前寄給督導師。由督導師負責評卷計分，並將最終得分情況回饋給門店及門店管理部門。督導部在測試結束後將標準答案發於各門店供員工校對學習。

②對店長的測試形式比較多樣化，根據所測試內容的緊急重要性可分為自測式、上級監督式、回總部接受測試等。上級監督式可選擇在上級在場時安排閉卷測試。由督導部出卷，督導師負責監督、評卷、回饋測試結果給店長及營運部。

③為了測試的有效性，須保障測試卷的保密性，所有參與監督測試的人員應做好考題的保密不洩露。

## 3.門店管理人員工作能力的調查

督導部可以配合連鎖企業人事部門在每個考核期內，根據該時期內門店工作的重點、各職位能力要求水準等設計出相應的測試表，調查整個考核期內連鎖店管理人員，包括門店店助、店長的工作情況和管理能力，以幫助每個門店管理人對自身工作有更清晰的認識，幫助成長和改善門店內部的上下級溝通問題等。主要採取門

店員工的民意調查表的方式，對管理層進行管理能力的評估和調查，因為從門店一線員工反映上來的問題才是最真實的，最有說服力的。

採用這種方式可以讓管理者真正主動地做到身在其位，一定要謀其職，真正成為讓員工信服，可以帶領團隊向前衝的管理者。

### 4.「各層級管理人員的民意調查表」的發放、回收及使用

⑴為了確保調查表的保密性、可信賴性，「各層級管理人員的民意調查表」採取無記名填寫方式，在使用該調查表時採取「即發、即填、即收」的方法。

⑵對店助的調查表由店長在門店執行下發、回收、匯總意見，將調查結果回饋給店助及營運部，填寫人為門店員工和店長。

⑶對店長的調查表由督導師在駐店時執行下發、回收、匯總意見，將調查結果回饋給店長及門店管理部門，填寫人為門店員工、店助、督導。如在駐店期間有請假或休息未上班的員工，督導應用信封把空白的調查表封裝好並委託收銀予以轉交並讓其填好後，及時寄給該店的督導師。

⑷對區域負責人的調查表由門店管理部門通過網路來執行電子調查表的下發、回收、匯總意見，將調查結果回饋給區域負責人和總經辦，填寫人為門店店長。

⑸需要門店員工參與填寫的調查工作中，發現有較清閒的員工便可把調查表給其填寫，並要求其即填即交。為了避免員工間相互交流的現象發生，每次同時發放的調查表不宜超過兩張，須分批進行。

為體現連鎖企業的人性化管理，瞭解基層員工的心聲，幫助各

部門、區域、門店負責人提高管理和服務水準，連鎖企業可以實行民意測評調查制度，對擔任門店第一負責人的店長/副店長或店助進行測評。

員工態度考評：

工作態度是對某項工作的認知程度及為此付出的努力程度，工作態度是工作能力向工作業績轉換的橋樑，在很大程度上決定了能力向業績的轉化效果。工作態度考評可選取對工作業績能夠產生較大影響的考評內容，如協作精神、工作熱情、禮貌程度等等，一些純粹的個人生活習慣等與工作無關的內容不要列入考評。

顧客滿意度的評估：

消費者對於顧客滿意的要求越來越高，連鎖企業的重要根基之一，就是以顧客為導向。但隨著顧客滿意度逐漸被重視及其他企業形象的訴求，連鎖企業比以前更加注重形象及顧客滿意度診斷，專職的顧客滿意度調查部門、定期的顧客調查及顧客分析都表現了此一趨勢。門店除了配合整體的顧客調查外，也要針對門店的主要顧客作定期的調查，以保持營業績效的潛力，調查的重點包括顧客滿意度、門店形象、門店服務等。

顧客滿意度可以顯示員工的服務品質及效率，連鎖企業通過「顧客滿意度調查表」或定期的顧客滿意度調查，以診斷門店的顧客服務品質。

許多企業會定期做問卷調查、市場調查或座談會，來確定本企業形象在主要顧客心中的定位，借著回收資訊來改進本身的服務、形象策略、活動方向及方式等。員工也可以對門店的固定顧客做口頭或電話詢問，以作為門店改進的參考。除了特別的問卷或特定的座談會外，門店可以由一些門店內部的績效評估數據，來審核門店

的服務是否還有改進的空間。例如會員數量、顧客抱怨次數、退貨百分比等。

團隊月考評工作：

為了更明確地對連鎖門店整體的月工作予以評定，及時肯定門店的工作成果，指出門店工作上的不足，並充分體現連鎖企業獎罰分明的激勵原則，連鎖企業可以採用以門店為單位、月為週期的團隊考評工作。

(1)門店團隊月考評的目的

· 有效實施單店管理，不斷促進各類門店的銷售能力；

· 診斷和評價連鎖企業門店管理和運營水準；

· 發現優秀門店，及時總結成功經驗和樣式，加以推廣；

· 發現後進門店，有針對性挖掘潛力，不斷提升其業績；

· 及時發現無希望門店，及時處理，減少損失；

· 在資源有限的情況下，向優秀門店實施資源傾斜，培育核心門店；

· 優秀門店優先開展分銷業務，成為連鎖企業的分銷平台。

(2)評定方法

團隊評定的當月，由督導師利用「團隊月評定表」，對各門店的各評定項目進行評分、計分和各項評語的填寫。然後將評定得分表上報於督導部，由督導部和門店管理部門做最終核定，評定出當月各店的「團隊等級」。

門店管理部門將受獎勵的團隊公佈於所有門店，督導部將各個門店的評定得分表回饋於督導師，再由他們轉交於區域內相應的門店。

(3)開展團隊評定的月份

為了激勵連鎖企業的終端門店，提升銷售業績，連鎖企業可以在門店銷售的主要月份進行不同區域內門店團隊的評定工作；督導部根據各月的工作重點制定相關的評定項目和標準。

(4)評定項目說明

根據每個時期不同的工作重點，督導部在門店管理部門的協助下提前制定好當月的團隊評定項目，並將評定標準公佈於所有區域和門店。一般評定項目有以下範圍：

①本月銷售完成率項：由門店管理部門在每月的月初對各門店下達該月銷售指標，月底考核時按實際完成率計算該項得分，該項評定的依據數據由財務部提供。

②本月店長考核參考項：根據店長當月的績效考核分數計算，該項評定的依據數據以連鎖企業人事部最終確認的績效考核分為準。

③本月規範扣分項：根據督導人員對各門店的當月門店規範檢查扣分計算。

④團隊建設工作面貌項：對當月員工的精神面貌、團隊氣氛、配合協作水準、工作積極性、員工推銷的激情、團隊內員工的感情程度、溝通效果等項做綜合的評定。此項評定的主要依據是督導師在平時督導工作中實際觀察，及閒店員工溝通所得來的資訊。

⑤門店員工成長項：對店長對培訓工作的重視度、內部培訓工作的成效、員工各項技能成長的情況做評定。此項評定的主要依據是督導師在平時督導工作中實際觀察、抽查結果及銷售數據中的單額、與去年同期增長等數據。

⑥團隊等級鑑定及獎勵措施：根據考核評分結果對各門店劃分

為四個等級，各等級的獎懲措施在當月兌現。

優秀店：該月團隊評定考核分在 90 分以上(含)，店長當月考核在 85 分以上，沒有員工因違反公司制度被記過或除名的，沒有因違反門店作業流程出現事故或給公司造成財產或名譽損失的。(優秀店所佔比例不超過 10%，如達到申報條件的門店超過該比例，則按分數高低排列，取前 10%。)

獎勵措施：當月獎勵該團隊$5000 元整，並發放「明星團隊」旗幟。

良好店：當月團隊評定考核分在 85 分以上(不含)入圍參評，店長當月考核在 80 分以上，沒有因違反門店作業流程出現事故或給公司造成財產或名譽損失的。(良好店比例不超過 35%。)

鼓勵措施：當月獎勵該團隊 3000 元整。

達標店：當月團隊評定考核分在 80 分以上(含)85 分以下，沒有因違反門店作業流程出現事故或給公司造成財產或名譽損失的。該級別不獎勵亦不處罰。

自強店：當月該團隊考核分在 80 分以下，或因違反門店作業流程出現事故或給公司造成財產或名譽損失的。

警戒措施：當月該團隊浮動獎金基數下調 10%，並由該門店寫「門店自強計劃書」上交門店管理部門。

詳見「團隊月評估考核表」。

注意事項：

①各項目得分應切合門店實際情況，反映門店的真實水準，不得因為怕將團隊評入自強團隊而故意將得分提高，否則團隊評定工作將無實際意義。

②評定工作應秉持公平公正的態度，以達到鼓勵優秀團隊、激

勵指導普通團隊、鞭策薄弱團隊的作用。所以在評分中應做到各門店間的橫向比較，評分標準統一。不得使各門店對評定結果有不滿情緒。

　③月底時可讓各店長用此表對門店工作做一自評，以讓其對該月門店工作開展有個清楚的回顧和認識。

　④如覺得區域內被評為自強店的團隊是出於特殊原因，不是工作上執行不到位所致，又擔心起不到鞭策團隊，反而會嚴重打擊員工工作信心的，可及時向門店管理部門提出申請，門店管理部門將最終核定是否要定於其「自強團隊」稱號。

# 四、考評結果運用

　督導部對於門店的各項考評結果要及時歸類編號存檔，並及時提交連鎖企業相關部門。

　1.督導部對於門店的各項考評結果能使連鎖企業高層清晰明瞭連鎖門店現實經營狀況和發展前景，從而作出符合企業發展思路的行銷戰略，使員工清楚地瞭解連鎖企業發展歷程、企業文化、經營理念以及各項作業規定。

　2.督導部對於門店的各項考評結果具有真實性，它是從店面實際運營的角度，尋找和發現問題，並擬定適當的改善方案，在與連鎖門店經銷商充分溝通協調的基礎上進行輔導作業，協助其業務的正常運作，以達成更佳銷售業績。

　3.督導部對於門店的各項考評結果具有實效性，是從對區域市場進行的情報收集和摸底調查得出，並經過科學分析，向連鎖總部提供明確的市場訊息，以作為總部決策的依據，來提升連鎖店綜合

運營能力、增進資訊週轉與交流、提升並維護連鎖門店服務形象統一性。

4.督導部對於員工的各項考評結果具有權威性，將對員工的薪酬調整、員工晉升、工作調動、員工的培訓產生影響。

考評結果可以得到以下方面的應用：

1.有獎有懲，考評結果與績效掛鉤。

對於統一管理的連鎖店，其督導考評結果及閉店及門店管理人員或相關工作人員的績效考核掛鉤，由督導部把相關考評結果資訊回饋給人力資源部門。

對於有自主經營權的加盟店，可以採用在違規時，及時進行相應的處罰或扣保證金的政策，對於表現良好的加盟商給予一定的獎勵等。

2.與員工的晉升、薪酬調整掛鉤。

人力資源部門應根據督導的相關考評結果進行績效考評，對於連續幾次專題督導考評優秀的員工，應在全公司內給予獎勵（包括精神與物質獎勵），考慮優先晉升或進行薪資調整，並給予一定的帶薪培訓機會。

3.存在或潛在的問題及時解決。

對於督導的考評結果，督導人員應及時把資訊回饋給公司主管及相關部門責任人，引起重視和關注，通過溝通與協調，爭取在第一時間內解決公司實際存在或潛在的各種問題。

# 五、督導考評制度修訂

考慮到連鎖企業高速發展的規律性，現行的考評制度就需要進一步完善和改進，以適應連鎖企業的發展，所以對於考評制度的修訂可以成立「督導考評制度修訂委員會」。

## 1. 督導考評制度修訂委員會成立目的

督導考評制度修訂委員會成立的目的是負責修正連鎖企業現有督導考評制度與考評實際情況可能存在的矛盾，從而使督導考評制度最終簡明有效並易於操作，最終提高連鎖店的營運業績及整體經營能力與水準。

督導考評制度修訂委員會擁有對公司督導考評制度進行修訂的權力。

委員會由總經理、副總、總經辦經理、行政總監、運營總監、財務總監、人力總監、營運部經理、督導部經理等成員組成。

## 2. 修訂議案的提出

任何對企業督導考評制度有疑問的員工都有權向修訂委員會提出督導考評制度修訂提案，提案發起人必須持有修訂建議的書面報告，提交督導部。

## 3. 修訂議案的受理

督導考評制度修訂提議的受理：督導考評制度修訂委員會接到發起人所提交的制度修訂提案後，督導部需要對提案中出現的問題進行深入調查瞭解，並根據調查結果提交修訂提案調查報告，制度考評修訂委員會根據調查結果決定是否召開督導考評制度修訂會議，會議上將最終決定是否對督導考評制度進行修改。

## 六、督導考評文件的保存

### 1.督導考評文件保存格式

各連鎖店的督導考核文件應按年度順序排列，各年內的季考評文件再按時間順序排列。

### 2.督導考評文件保存方法

由督導部統一保管督導考核文件，考評結果以考評袋形式和電子文檔形式存檔，保存資料在一年後銷毀。

## 七、考評申訴

### 1.申訴條件

在督導部的考評過程中，各連鎖店或加盟客戶（包括員工）如認為受到不公平對待或對考評結果感到不滿意，有權於接收「連鎖店檢查處罰單」後三個工作日內以書面形式提出申訴。

### 2.申訴形式

被處罰的連鎖店或加盟客戶（包括員工）以書面形式直接向門店管理部門申訴。門店管理部門負責將申訴案件統一記錄備案，並將申訴報告和申訴記錄提交相關部門。

申訴材料中須附能證實行為未違規的充分證據，或明確違規事實的責任不能由其承擔的充分證據，並明確造成違規事實的責任部門或責任人。

### 3.申訴處理

經連鎖企業門店管理部門審查申訴材料屬實或處罰偏重時，及

時知會督導部，並協調處理，當意見不一致時由上級責任人對該處
罰予以判定如何解決。

心得欄

# 第 *10* 章

## 督導商店的商品管理工作

　　連鎖業的商品，是其得以存在的前提，更是其獲得利益的根本來源，對於督導師來說，要管理好商品，對商品有足夠的瞭解和熟悉，並隨時隨地能夠把握商品的流向，最終實現銷售更多商品的目的。

　　對於督導來說，對店鋪終端的管理自然少不了對商品管理的一環。作為終端的最重要的一個要素，商品是其得以存在的前提，更是其獲得利益的根本來源。而在終端運營中，又總是會出現關於商品的種種問題，對商品的管理不善將在很大程度上影響到終端利益的得失。

　　要管理好商品，先要對商品有足夠的瞭解和熟悉。要知道商品的出入情況，要瞭解商品的庫存情況，要瞭解每天的商品銷售情況，更要瞭解對手的商品情況──自己的商品與對手的商品相比，有那些優勢，那些劣勢，通過採取什麼方法來達到銷售更多商品的目的等。所以，要想讓整個店鋪正常運轉起來，前提就是先要讓店鋪的商品信息保持有序流通，要隨時隨地能夠把握商品的流向。所以這就首

先涉及店鋪的商品信息管理問題了。

## 一、商品信息管理的主要內容

商品信息管理是商品管理過程中非常核心的一個部份，為商品計劃、商品訂購、商品銷售等環節提供了重要依據。商品信息管理包括如下幾個方面。

### 1.商品情報活動

搜集有關商品的所有情報，並抓住商品流行的傾向，以作為販賣活動及商品選定的參考。

### 2.商品構成活動

以傳遞商品情報活動為基礎，把顧客層次劃分清楚，從而決定販賣商品應有的幅度、廣度、深度、水準及配置。

### 3.商品選定活動

在已規劃的商品構成範圍內選出適當的商品品目，讓顧客隨心所欲地選擇購買。

### 4.商品補充活動

要將暢銷商品及季節性商品的追加訂貨及補貨工作做好，以滿足顧客的需求，提高業績。

### 5.商品管理活動

要將這些活動的所有商品的倉庫量管理好，保持充分供應量，不要讓不良商品出現。

像這樣範圍廣泛的業務，不只是特定擔當者的業務，而是終端督導與全體人員共同合作的責任。

## 二、日常店務的管理工作

商品豐富的店鋪，是讓顧客喜歡的一個很重要的條件。一家店鋪即使內部部門設施很適當，但如果店內沒有豐富齊備的商品，也無法抓住顧客的心。但如果雜亂無章，胡亂地準備了一些雜亂的商品，反而會起反作用。不論素材、設計、尺寸、顏色等都要做充實準備，好讓顧客有一個印象：「這家店鋪這樣價格的商品比其他店還豐富和多元呢。」如果顧客都有這樣想法的話，那麼這家店鋪就成為商品齊備豐富又購買便利的代言詞了。

在商品價格方面，舉一個例子，我們先設定一個從 800 元至 1980 元的價格帶，然後再從這個價格帶中設定一條 800、980、1280、1480、1680 及 1980 元的價格線，價格帶和價格線的設定是否適宜可由購買顧客的印象和評價反映出來，我們應該跟蹤這些反映，時時掌握它的動向。同時督導要根據商品實際的售賣過程和銷售結果來進行日常的店務管理工作。

### 1.就商品幅度(廣度和深度)，設定貨架或櫥櫃的擺設

商品的幅度(廣度和深度)設定擺設，必須去滿足顧客多樣化的要求。以一些特定商品來講，為了應付其銷售量較大就必須把它的深度和廣度體現出來，並將各種不同品牌商品從廣度方向展示開。其中商品展示廣度寬的 A 店，雖然商品有展示間，但無論怎樣看起來還是有美中不足之處(如深度不足)，B 店雖然可以擺設一些好賣的特定商品，但所能展示的東西卻有限，兩者之間都有優缺點，不過商品的設定擺設原則上還是要照這樣做的。

## 2.主力商品、關聯商品、補充商品的分類

一家商店能表現出它特徵的就是主力商品，而主力商品也是該商店銷售額的主要部份。現在根據主力商品配置其相關聯商品，又根據主力、關聯商品的需要配置、補充商品。在終端店鋪的售賣過程中通常有二八原則，即 20%的主力商品創造了店鋪 80%的銷售業績。所以如何確立店鋪的主力商品，通過主力商品帶動關聯商品和補充商品的銷售能力是終端店鋪經營的重點，亦是商品信息管理的核心內容。

## 3.普通商品、觀賞商品、利潤商品及並列商品之分類

對於普通商品，顧客的消費慾望高，銷售比較快，也是商品銷售業績最主要的部份，大部份都是客人叫得出來的商品。觀賞商品可以使顧客賞心悅目，它是一種能挑起顧客興趣的話題性商品、高價位商品、新穎商品，因此可以提高商店的地位和格調。利潤商品是一種利潤率高、純利大的商品。並列商品是可當作主要商品的關聯品或補助品，可以配置在賣場。

一家店內左右毛利率的商品，由下列的各種商品組合而成：

①毛利率雖低，可是銷路快，銷售額大的商品；

②毛利率雖高，可是銷路遲鈍的商品；

③毛利率雖低，可是呈現穩定銷售的商品。

為了提高總的毛利率，應採取如下的對策：

①提高高毛利率的構成比；

②降低毛利率的構成比；

③提升高銷售構成毛利率；

④若有構成比相同的商品，應發展高毛利率的商品。

賣場是實現商品價值的最終環節，所以說如何組合商品結構是

零售過程中很重要的環節，亦是終端店鋪督導最為關注和學習的專業知識。數字是商品分類的依據，如何收集到準確的商品銷售的動態信息？如何分析動態的商品銷售信息？如何建立信息系統環節？

## 三、店鋪商品信息的收集整理

### 1. 通過日報表掌握管理信息

為了掌握銷售動態，編列營業目標，日報表上的「銷售實績」一欄絕對有必要做好。商品的週轉也就是現金的週轉。單是商品週轉，而現金沒有週轉的話，無疑給商店亮起了紅燈。另一方面與去年相比，營業額是多是少？營業目標有何異同？何時採取競爭策略？如果不能達成預期目標，應如何補救？在這份日報表的「營業實績」一欄裏，可以得到答案。

綜合以上各點，可以確定日報表各欄裏，應歸納下列項目：

①每日營業額對去年該月的比較；

②每月營業額目標達成率；

③本年營業實績累計對去年營業實績累計的比較；

④去年度營業目標累計達成率；

⑤去年該月平均購買單價及今年本月平均購買單價；

⑥去年該月平均購買點數與今年本月份相比較；

⑦去年當月進貨額與今年本月進貨額。

⑧去年度進貨額累計與今年度進貨額累計。

日報表已簡單介紹完畢，希望每一家商店都能根據這些原則設計出一套適合自己使用的日報表。也許你覺得有點麻煩，但是，不要忘記，看似無關緊要的小數字、小麻煩，也許就會帶給你大財富。

### 表 10-1　終端店鋪商品信息管理的常用表格

營業人員姓名：　　　　　　　　　　　　　　　　日期：

| 情報項目 | 情報的確認時機 | 情報內容 | 收集日期 |
|---|---|---|---|
| 競爭對手商品上市信息 | 每季之開始 | | |
| 同行舉辦促銷活動信息 | 隨時 | | |
| 店鋪是否有新的營業活動 | 隨時 | | |
| 商品陳列變化 | 隨時 | | |
| ◇配合自己公司的情況，填入其他營業活動的必要情報◇ | | | |
| | | | |
| | | | |
| | | | |
| | | | |
| | | | |
| | | | |
| | | | |
| | | | |
| | | | |

## 2.同行業信息的收集

### (1)信息收集注意要點

收集同行業的相關信息時，需要有明確的目標，不能隨意地無選擇性地收集。通常設在商場裏的專櫃都已由商場規劃好了區域，基本是與同類品牌在一起經營，專賣店一般也會設在專賣店比較集中的街面上，但選擇收集信息的目標時還是要注意把握以下要點：

①與品牌的風格類似或與公司未來將要發展的方向類似；

②產品風格類似，例如都是職業裝類；

③產品價位、檔次相近。

(2)信息收集的管道

①通過與顧客的溝通，留意顧客在選購貨品時常提到的其他品牌的信息。

②通過陳列展示的位置、POP 廣告等掌握相關信息，瞭解週邊品牌的主打產品。

③從產品價格的變動幅度和變動頻率來瞭解與產品有關的信息。

④利用業餘時間充當顧客，以便瞭解競爭店鋪的產品優勢。

⑤注意觀察路過和進入競爭店鋪的顧客數量和購物數量。

⑥經常閱讀行業的報紙、雜誌，可以瞭解到同行的最新信息。


## 四、店鋪賬表的管理

店鋪中的賬務和報表是公司決定生產投入的分析依據，也是店鋪業績的記錄和考核依據。

### 1.店鋪的日常報表

(1)日報表

店鋪銷售日報表(以服裝產品為例)用於記錄店鋪每日的銷售情況。它包括實際銷售貨品的數量、款式、尺碼及金額。同時還應詳細反映貨品的調配情況和簡單的週邊品牌信息和當天的氣候情況，這將有助於公司準確地分析影響銷售的原因。

## 表 10-2　店鋪營業日銷售報表

地區：　　　　　　　　　　　　　　　　　　店名：

| 款號 | 色號 | 分型號數量 | | | | | | | 小計 | 單價 | 金額 |
|---|---|---|---|---|---|---|---|---|---|---|---|
| | | XS | S | M | L | XL | XXL | F | | | |
| | | | | | | | | | | | |
| | | | | | | | | | | | |
| | | | | | | | | | | | |
| | | | | | | | | | | | |
| | | | | | | | | | | | |
| | | | | | | | | | | | |
| | | | | | | | | | | | |
| | | | | | | | | | | | |
| | | | | | | | | | | | |
| | | | | | | | | | | | |
| | | | | | | | | | | | |
| | | | | | | | | | | | |
| | | | | | | | | | | | |
| | | | | | | | | | | | |
| 合計 | | | | | | | | | | | |
| 備註 | | | | | | | | | | | |

　　不可否認，天氣狀況會影響店面業績的多寡，如果自己能每天詳列氣候狀況，將可做更有效的預防或補救措施（例如：預知每年此時氣候變化不穩定，是否需改變某些商品的組合？或者配合氣候變化做某些特賣活動）。最重要的是，有了長期性的記錄，即可作為工

作目標的參考資料，以做到心中有數，未雨綢繆。

同時應注意的是雙休日、人潮與業績三者互為關聯性因素。一般而言，店鋪往往因為雙休日而人潮、業績都出現高潮。

在日期欄裏，應同時記錄去年度與今年度的雙休日及節假日，要記日期，也要記星期，這件事看似簡單，卻很重要，但也很容易為一般人所忽略。

另外，在設定「銷售實績」的同時也要做好記錄。此欄除用於記錄銷售情況外，還用於記錄交易客數及來店客數。交易客數能夠左右一家店鋪的業績，成為銷售額的基準，由累計的交易客數也可以顯示出店鋪受歡迎的程度。如果出現營業額上升，交易客數卻減少等的反常現象，都能經由「銷售實績」欄裏清楚地顯示出來。換句話說，「銷售實績」欄是店鋪營業前途的紅綠燈。交易客數減少，營業額卻上升，只能是物價上漲的自然生長，此時應思考是否店鋪有了某些缺點而不知覺。僅看營業額的多寡，有時反而會使你陷在「顧客已慢慢流失，而我仍自陶醉」的幻覺裏，最後，這種幻覺將使顧客完全地拋棄你。

銷售日報一般是當日填寫，第二天傳報企業。

(2)週報表

店鋪營業週報表(以服裝產品為例)用於匯總店鋪每週的銷售情況。應包括款式、數量、上週結存、本週銷售、本週暢銷款式、店長小結等內容。週報可以幫助店鋪分析和控制銷售目標的完成狀況，以便及時調整任務的分配。

## 表 10-3　店鋪營業週銷售報表

地區：　　　　　　店名：　　　　　　天氣概述：

日期：　年　月　日至　年　月　日

| 款號 | 色號 | 分型號數量 | | | | | | | 小計 | 單價 | 金額 |
|------|------|-----|-----|-----|-----|-----|-----|-----|------|------|------|
| | | XS | S | M | L | XL | XXL | F | | | |
| | | | | | | | | | | | |
| | | | | | | | | | | | |
| | | | | | | | | | | | |
| | | | | | | | | | | | |
| | | | | | | | | | | | |
| | | | | | | | | | | | |
| | | | | | | | | | | | |
| | | | | | | | | | | | |
| | | | | | | | | | | | |
| | | | | | | | | | | | |
| 合計 | | | | | | | | | | | |
| 備註 | | | | | | | | | | | |

填表日期：　年　月　日　　　　　　　　　　填表人：

　　店鋪營業週報表通常在第二週的週一完成，當日傳報公司。

⑶月報表

　　月報表(銷售月報表可參照週報表)用於記錄和匯總店鋪全月銷售任務的完成情況。店鋪的銷售月報是結算企業業績和店鋪業績的重要依據，也是企業掌握市場動向的信息分析依據。

　　月報表通常在每月的結算日後三天至一週內完成，次日傳報企業。

(4)盤點表

盤點表用於記錄店鋪一個時間段內貨品流通的準確情況。店鋪通過對貨品的定期盤點，可以掌握貨品的流速和調配的情況。盤點表有助於店鋪及時發現貨品管理方面的不足，避免造成損失。

店鋪盤點一般每月進行一次。由企業的物流管理人員或核算人員與店鋪共同實施。

(5)其他報表

企業還可以根據各自的經營特點，設置其他一些相關信息收集的報表。例如「月殘次貨品報表」、「顧客意見回饋表」及「顧客退貨記錄」等。

店鋪報表不宜設置太多。店鋪的日常主要工作是銷售產品，要求填寫的報表過多，會給店鋪營業人員增加過多的負擔，耽誤店員接待顧客，影響正常銷售活動的進行。

## 2.銷售業績分析

(1)銷售報表的分析

④與以往同期的銷售業績進行橫向對比，分析業績提高或降低的原因。

②與週邊競爭品牌的業績對比，分析存在的差距。

③分析款式銷售數量，以便制定貨品調整計劃。

(2)市場影響的分析

①分析影響銷售業績的自然因素，如天氣原因等。

②分析所在商業區的市場環境，如舉辦活動、商場翻修、商業區修路等。

③分析同類競爭品牌促銷活動的實施頻率和實施效果。

# 五、盤點商品

對商品管理的最高境界是什麼？那就是將貨品爛熟於胸，這就涉及商品的盤點問題了。對於督導來說，在做好商品管理的過程中，對商品的盤點也是其中重要的一環。

商品盤點即是「實物負責制」的一項重要內容，同時也是企業加強商品管理、考核商品資金定額的重要環節。通過商品盤點，不僅可以摸清家底，掌握各種商品的實存數量、庫存結構，還可以及時處理滯銷商品；從而不斷改善商品庫存結構，實現庫存商品的最優化，加快資金的週轉速度，提高流動資金的使用效率，提高企業的效益。

另外，通過商品盤點可以分析庫存結構是否合理，找出經營管理存在的問題，堵塞漏洞，並為進貨提供可靠的依據。因此，必須認真重視盤點工作。督導不僅要會盤點，還要通過商品盤點，不斷改善經銷商的經營管理，提高管理水準。

## （一）商品盤點的種類

商品盤點是一項工作量較大且費時費力的工作，零售商店可根據商品的不同特點、業務經營的需要，分別採用不同的盤點形式。

商品盤點按時間劃分，可分為定期盤點和臨時盤點。在月終、季末、年底這些固定時間進行的盤點，稱為定期盤點。定期盤點是商業企業掌握庫存結構、編制統計報表、定期考核經營成果的重要手段。由於商品特點的不同，其盤點的時間也有長短之分。一般商品為每月盤點一次，但貴重及大件商品需要日銷日盤，即每日銷售結束後，對該種商品進行盤點，月終進行全面盤點，實盤的方式。

臨時盤點是因商品變價、企業人事變動或其他情況臨時進行的盤點。

按商品盤點的範圍劃分，可分為全面盤點和部份盤點。全面盤點是指月終、季末、年底對整個商場經營的全部商品進行盤點。部份盤點是指因業務經營的需要，對某種或部份商品進行的盤點。例如部份商品價格發生變動或需核實某種商品數量等。

按盤點的方式劃分，可分為關門盤點和不關門盤點。關門盤點就是在營業時間內停業進行盤點，一般店員少的店鋪採取這種方式。不關門盤點是在不影響店鋪正常營業的情況下，組織專門人員或利用關門停業後進行盤點。目前，絕大多數企業均採取這種方式。

## （二）商品盤點的方法和技巧

### 1.複式平行盤點法

這是由兩人為一組，平行盤點，互相核對覆查的方法。即二人分別同時盤點，一人負責點實貨，另外一人負責在盤點表上填上數量並計算出金額，然後互相校核覆查。這種方法比較科學，可以保證商品盤點品質。

### 2.按實盤點

這是指按商品擺列存放的位置、地點的順序進行盤點的方法。要求按順序盤點，主要是防止重盤、漏盤。盤點時要做到商品件件移位，對已拆包的整箱整件商品，也應清點細數。例如，可先盤小倉庫和整件商品，後盤櫃台和貨架上的商品，要按一定的擺放順序盤點。這種盤點方法比較穩妥，不易漏盤。

### 3.按賬盤點

也稱按錶盤點，即按盤點表上所列商品的順序進行清點。因為盤點表上所列商品順序與實物排列的順序不可能一致，所以盤點時會發生交叉串盤，或抄寫盤點表時不慎遺漏或弄錯貨號、規格品種

等，會造成錯盤，又很難找出誤盤的原因。因此，一般不採用這種盤點方法。

### （三）商品盤點的重點

商品盤點工作總有個輕重緩急之分，而為了讓盤點工作實現高效率，自然要確定一些商品盤點的重點，先把重點工作做完了，後面的工作自然也就迎刃而解了。那麼商品盤點工作的重點又包括那些方面呢？

⑴商品盤點後，計算出本櫃組商品金額總數，並與會計賬核對，如核對無誤，說明盤點正確，賬實相符，如果不符，應該進行複算、複盤，查明原因；對盤點後發現的長短貨款，應把長短數字、情況及原因填入「盤點長短款報告單」盤點差異，並由盤點人、櫃組長簽名，報請上級審批後，一聯櫃組留存，一聯交財會部門作為賬務處理的憑證。

⑵庫存場所的整理要在盤點日之前就進行，同一商品原則上要集中在一個地方。在盤點日之前把店頭所需要商品補充完畢。

⑶將破損品及汙損品區分開，並注明其數量。

⑷數量的清點及盤點表記錄不要由同一個人完成，也就是數量的清點、讀數、書寫記錄人分別由不同人員擔任。

⑸確定一下箱子、包是不是按規定把商品數目裝入。

⑹把商品品名、數量以及銷售價格分別記入盤點表裏。

⑺在盤點時不要讓閒人出現在現場，因為閒人如果出現的話就會引起清點商品數量的盤點人分心，進而把數目算錯。另外也不能讓所有的盤點人按照自己的意思任意做判斷，必須推選一個人做現場指揮及調配工作。

## （四）商品盤點的注意事項

商品盤點既有時間要求，又有品質要求。對商品盤點的基本要求是：盤點清、數字準、情況明、速度快。

為使商品盤點工作順利進行，減少盤點中的工作量，保證商品盤點的品質，應做到以下幾點。

### 1.嚴格商品的日常管理

商品陳列、擺佈、存放要有固定貨位，保持同類商品規格的連續性、連帶性，要避免相互串類、串號。同時做好商品進出櫃台的登記入賬工作，商品銷售的日清日結工作。

### 2.做好商品盤點前的準備工作

盤點是一項費時、費力、工作量相當大的工作，沒有充足的準備、嚴密的操作流程以及員工高度的責任心是無法順利完成的。為使盤點工作能夠順利進行，加快盤點工作的速度，必須事先做好準備工作。

(1)人員準備：由於盤點作業需動用大批人力，通常全店人員都參加盤點，當日應停止任何休假。

(2)要整理所有單據、憑證和商品，並與會計核對賬目。

(3)對商品進行分類歸檔，對櫥窗，架頂、模特等陳列商品要事先收集歸類，以便一起盤點。如因陳列美化工作量太大，也可將所有陳列商品單獨列錶盤登，最後合併計算。

(4)環境整理：一般應在盤點前一日做好環境整理工作，包括檢查各個區位的商品陳列情況及倉庫存貨的位置和編號是否與盤點佈置圖一致；整理貨架上的商品；清除不良商品，並裝箱標示和做帳面記錄；清除賣場及作業場死角；將各項設備、用品及工具存放整齊。

(5)要暫停倉庫提貨。

(6)要準備和校準好盤點所用的紅、藍色圓珠筆，複寫紙，計算器，大頭針，迴紋針等。

(7)準備好盤點表，盤點表中除數量、金額欄外，其他編號、品名、規格、單位、單價等欄可以事先填寫好。

(8)盤點前培訓：盤點前必須對盤點人員進行必要的指導和培訓，特別是新進入公司的員工、促銷員，掌握盤點要求、講清盤點常犯錯誤及異常情況的處理方法等。

(9)盤點工作分派：由於品項繁多，差異性大，不熟悉商品的人員進行盤點難免會出現差錯，所以在初盤時，最好還是由管理該類商品的理貨員來實施盤點，然後再由後勤人員及部門主管來進行交叉的複盤及抽盤工作。

心得欄

# 第 *11* 章

# 督導師要執行店鋪管理

　　督導師要實地巡視商店，可以全面地瞭解店面的情況；
推行專題活動方案，執行駐店作業，能有效跟進、監督改善
方案的執行情況，作為一個有責任心的督導，對於每天的店
鋪管理工作細節都要留心。

　　督導管理工作歸根結底還要在終端店體現，涉及具體的工作細
節的執行情況時，也就是在具體的店鋪管理中，督導需要做些什麼
工作呢？每個時期都有每個時期的工作重點，督導將要根據營業週
期的不同來確定工作重點。而巡店也要作為其工作中的一項重點內
容在終端管理中體現出來，另外還要具體處理不同類型顧客的問題
等。這些都是督導在終端的具體操作中需要做的工作。

# 一、巡店作業的流程

### 表 11-1　巡店作業的流程

| 任務名稱 | 操作步驟 | 作業規範及注意要點 |
|---|---|---|
| 確定巡店目標與計劃 | 確定巡店目標與計劃<br>設計巡店路線<br>獲上級批准後執行 | 1.根據月工作目標及日常或專題督導計劃，確定本次巡店的目標<br>2.製作工作目標與計劃<br>督導因素有：<br>· 相關部門給門店下達的相關運營行為及活動指令<br>· 各門店經營現狀<br>· 督導部下達的當月督導重點<br>· 市場及競爭對手發展趨勢等<br>3.根據目標門店的地理位置，制定科學、合理的巡店路線<br>4.巡店目標與計劃上報上級，獲准後執行<br>5.巡店資訊保密 |
| | 標準 | |
| | · 目標與計劃合理<br>· 巡店資訊保密 | |
| 做好巡店前的準備 | 瞭解目標連鎖店的現狀及上次督導情況<br>準備巡店前的各種資料、工具和表單<br>如有必要可預支差旅費<br>攜帶審批後的行程表及相關材料出發 | 1.瞭解門店現狀：如商品結構、銷售動態、與往年同期的銷售對比情況等<br>2.瞭解上次檢查該店時存在的問題、處理情況、整改建議及本次需解決什麼問題<br>3.準備好各種資料：總部、分部各部門需要門店回饋的各項資訊及資料<br>4.準備好相關表單、電腦、相機等設備<br>5.注意做好對門店的行程保密工作<br>6.注意帶好出差用品；途中要注意安全 |
| | 標準 | |
| | · 瞭解門店現狀及巡店目的<br>· 攜帶資料、工具以及私人用品齊全 | |

續表

| 任務<br>名稱 | 操作步驟 | 作業規範及注意要點 |
|---|---|---|
| 入店<br>例行<br>檢查 | 按預定時間抵達門店<br>入店打招呼，熟悉夥伴名字<br>按督導工作標準例行檢查，現場填寫相關表格<br>瞭解和測試門店員工的專業知識、銷售技巧等綜合能力水準 | 1.抵達門店的時間應避開門店生意高峰期<br>2.督導入店基本禮儀：入店後及閘店夥伴打招呼，瞭解人員排班與在崗情況，熟悉團隊成員名字<br>3.例行檢查時可以和門店督導、當班人員一起進行，隨手可以糾正的一定要糾正，做得好的要當面表揚<br>4.例行檢查的內容：日常督導內容和專題督導內容<br>5.態度溫和、說話講分寸 |
| | 標準 | |
| | ·公平、公正、合理<br>·現場表揚、糾正<br>·現場填表 | |
| 內部<br>觀察<br>調查 | 根據巡店的目的和發現存在的不足之處，通過觀察或與店員溝通的方式，瞭解實際情況 | 1.瞭解門店各項工作重點的執行力度和收效<br>2.觀察和瞭解門店當前的銷售狀況：客流量、成交率<br>3.瞭解當地消費者的行為習慣、消費趨向及消費缺憾等<br>4.瞭解員工的工作情緒、團隊關係以及對門店管理的滿意度等，掌握一線員工資訊，拉近與員工的距離 |
| | 標準 | |
| | ·觀察與調查訪談工作全面、真實、有效<br>·不影響門店正常工作 | |

續表

| 任務名稱 | 操作步驟 | 作業規範及注意要點 |
|---|---|---|
| 外部環境調查 | 　與店長訪談瞭解當地市場、競爭資訊<br>　觀察和調查門店周圍商圈有何變化、人流情況、車流情況及周邊商鋪分佈情況<br>　觀察和調查(可以由「影子顧客」扮演)同類門店的經營現狀,有何變化及學習借鑑之處<br>　市場調查後需在離店前撰寫「市場調查資訊」,並回饋於營運部/督導部 | 1. 可結合季節、門店銷售、計劃任務及市場情況決定是否對當地的市場、競爭情況進行調查<br>2. 調查時,可自行或在不影響門店正常工作的情況下借同對市場行情較為瞭解的員工或店長一同前往<br>3. 市調以競爭對手為主<br>4. 調查內容包括對方的陳列、佈局、服務水準、客流量、成交率、經營模式、促銷活動及其效果、導購員的工作流程及工作效率、門店的組織方法及管理水準、商品的平均零售價格、價格波動幅度、主要客戶群體、商品結構比例、主打商品、競爭商品或雷同商品品牌、價格、銷售情況等<br>5. 新品和我們目標客戶的購買習慣 |
| | 標準 | |
| | · 細心觀察、客觀分析 | |
| 內部工作交流 | 　巡店期在時間允許情況下可參與門店相關工作,起到指導或示範作用<br>　參加門店的早/晚會<br>　與公司各部門進行溝通協調,協助門店解決各項未解決的後勤事務或疑難問題<br>　記錄門店中的優秀工作方法、團隊管理方法等,以便與其他門店交流分享 | 1. 為加強溝通與交流,督導在巡店期間必須參與門店的晚會<br>2. 在店長宣佈完晚會事宜後,督導可接手晚會的主持工作,並做以下工作:<br>· 總結當天瞭解到的情況,對優秀之處進行表揚激勵<br>· 分析當天銷售情況,對積極工作成果予以肯定,對銷售的趨勢予以樂觀預期;傳達公司最新發展動態,帶動團隊士氣<br>· 對當天門店發現的問題給以提示建議,提供改善方案並激勵提升<br>· 向員工瞭解對公司、對各部門工作上的建議和意見,並帶著各部門需要門店做回饋的問題向員工收集資訊,並作詳細記錄 |

續表

| 任務<br>名稱 | 操作步驟 | 作業規範及注意要點 |
|---|---|---|
| 內 部<br>工 作<br>交流 | **重點**<br>· 參與門店的工作或活動，起指導、示範作用<br>· 參加早/晚會，起到激勵、企業價值及文化傳播的作用<br>· 站在門店的立場，解決實際存在的問題或給予好的建議 | |
| | **標準**<br>· 有指導、示範、激勵和建議作用 | |
| 巡店<br>小結 | 認真完成本次巡店的所有表格<br>　對於不能現場解決的問題，詳細做好記錄<br>　並把「巡店督導檢查資訊回饋表」交及閉店管理人員<br>　總結、分析在門店及市場所瞭解到的資訊，找出門店工作上存在的不足或影響業績的因素<br>　共同探討並制定改善措施<br>　與夥伴告別，離開門店 | 1. 在下次駐店或巡店時，跟進、監督改善方案的執行情況<br>2. 和門店所有夥伴告別，可在臨走前給門店員工開簡短會議(在顧客不多時)，總結這次巡店中發現的門店問題，告訴員工自己對門店的期望及門店的成長目標等，以達到激勵員工的作用 |
| | **標準**<br>· 具有一定的市場洞察能力及分析判斷能力 | |
| 信息<br>回饋 | 將本次巡店督導的工作進行總結<br>　把各門店實際存在的問題及相關資訊回饋給公司各相關部門 | |
| | **標準**<br>· 及時回饋 | |

續表

| 任務<br>名稱 | 操作步驟 | 作業規範及注意要點 |
|---|---|---|
| 協調<br>處理 | 公司各相關部門接到督導回饋的資訊後，及時分析、及時協調、及時處理 | 處理建議或處理結果及時知會督導部相關人員，以便下次督導時關注執行情況 |
| | 標準 | |
| | ・及時協調與處理 | |
| 後期<br>跟進 | 關注並跟進上次巡店督導時發現的問題，給予整改、完善建議後的執行情況 | 注意：每次巡店都必須有相關記錄 |
| | 標準 | |
| | ・及時跟進 | |
| 資料<br>歸檔 | 對巡店督導各種表單及記錄卡進行分類、整理、歸檔 | |
| | 標準 | |
| | ・及時分類、及時整理與歸檔 | |

## 二、專題督導的流程

### 表 11-2　專題督導的流程

| 任務<br>名稱 | 操作步驟 | 作業規範及注意要點 |
|---|---|---|
| 確定<br>專題<br>活動<br>方案 | 確定專題活動方案 | 1.根據公司實際發展需要及各相關部門年度工作目標與計劃，確定專題活動方案<br>2.如門店管理部門推出「服務月」，市場部門推出「新年促銷活動方案」等<br>3.各相關部門確定活動方案時，要及時通知督導部門 |
| | 標準 | |
| | ・方案合理，提升連鎖的服務、管理水準或銷售業績等 | |

續表

| 任務名稱 | 操作步驟 | 作業規範及注意要點 |
|---|---|---|
| 制定督導內容執行標準 | 瞭解專題活動方案的目的及實現目標<br>根據活動方案，制定督導內容及執行標準 | 第一時間瞭解專題活動方案的內容 |
| | 標準 | |
| | ‧ 督導標準明確、可操作、可評估 | |
| 督導標準研討 | 由督導人員組織各相關部門對督導內容及執行標準進行研討 | 圍繞活動的目的以及期望實現的目標而制定相關的督導內容與執行標準 |
| | 標準 | |
| | ‧ 督導標準明確、可操作、可評估 | |
| 確定督導標準 | 確定專題活動的督導內容及執行標準 | 確保標準的明確性、可操作性和易於評估 |
| | 標準 | |
| | ‧ 督導標準明確、可操作、可評估 | |
| 活動方案及執行標準資訊發佈 | 向公司各相關部門及連鎖店公佈專題活動方案及活動的執行標準 | ‧ 對於直營連鎖店可以把相關的方案資訊及執行標準發佈在內部系統或網路上<br>‧ 對於加盟店根據活動的重要程度，可以發郵件或是發傳真回覆確認等 |
| | 標準 | |
| | ‧ 資訊及時、準確、無遺漏 | |
| 制定督導目標與工作計劃 | 督導部門根據專題活動方案內容，制定督導工作目標及執行計劃 | |
| | 重點 | |
| | ‧ 及時制定活動方案的督導目標及督導工作計劃 | |
| | 標準 | |
| | ‧ 目標與計劃要明確、科學、合理，可操作、可執行 | |

續表

| 任務名稱 | 操作步驟 | 作業規範及注意要點 |
|---|---|---|
| 實施督導 | 各督導人員根據工作計劃制定巡店或駐店計劃　確定巡店路線　按工作計劃實施督導 | 巡店路線要保密 |
| | 重點 | |
| | ・按督導計劃開展督導工作 | |
| | 標準 | |
| | ・按公司要求的督導守則及職業操作作業 | |
| 信息回饋 | 將各級督導人員的巡店情況進行總結　把各門店實際存在的問題及相關資訊回饋給公司各相關部門 | 提交巡店報告及對相關督導表格 |
| | 標準 | |
| | ・及時回饋 | |
| 協調處理 | 公司各相關部門接到督導回饋的資訊後，及時分析、及時協調、及時處理 | 處理建議或處理結果及時知會督導部相關人員，以便下次督導時關注執行情況 |
| | 標準 | |
| | ・及時協調與處理 | |
| 後期跟進 | 關注並跟進督導時發現的問題，給予整改、完善建議後的執行情況 | 注意：每位督導每次巡店都必須有相關記錄 |
| | 標準 | |
| | ・及時跟進 | |
| 資料歸檔 | 對專題活動方案及督導標準、督導結果等各種表單及記錄卡進行分類、整理、歸檔 | |
| | 標準 | |
| | ・及時分類、及時整理與歸檔 | |

## 三、駐店作業的流程

表 11-3　駐店作業的流程

| 任務名稱 | 操作步驟 | 作業規範及注意要點 |
|---|---|---|
| 確定駐店目標與計劃 | 確定駐店目標與計劃<br>設計駐店路線<br>獲上級批准後執行 | 1. 據月工作目標及日常或專題督導計劃，確定本次駐店督導目標及工作計劃<br>2. 製作工作目標與計劃督導因素有：<br>· 相關部門給門店下達的相關運營行為及活動指令<br>· 各門店經營現狀<br>· 督導部下達的當月督導重點<br>· 市場及競爭對手發展趨勢等<br>3. 根據目標門店的地理位置，制定科學、合理的駐店路線<br>4. 駐店目標與計劃上報，獲准後執行<br>5. 駐店資訊保密 |
| | 標準 | |
| | · 目標與計劃合理<br>· 巡店資訊保密 | |
| 做好駐店前的準備 | 　瞭解目標連鎖店的現狀及上次督導情況<br>　準備駐店前的各種資料、工具和表單<br>　如有必要可預支差旅費<br>　攜帶審批後的行程表及相關材料出發 | 1. 瞭解門店現狀：如商品結構、銷售動態、與往年同期的銷售對比情況等<br>2. 瞭解上次檢查該店時存在的主要問題、處理情況、整改建議以及本次需要解決和關注什麼問題<br>3. 準備好各種資料：總部、分部各部門需要門店回饋的各項資訊及資料<br>4. 準備好相關督導表單、筆記本電腦、相機等設備<br>5. 注意做好對門店的行程保密工作<br>6. 注意帶好出差衣物、用品，旅途中要注意安全 |

| 任務名稱 | 操作步驟 | 作業規範及注意要點 |
|---|---|---|
| 做好駐店前的準備 | **標準**<br>· 瞭解門店現狀及巡店目的<br>· 攜帶資料、工具以及私人用品齊全 | |
| 駐店開展作業 | 　入店打招呼，熟悉夥伴名字<br>　按本次駐店目標及相關計劃展開工作<br>　駐店期在時間允許情況下可參與門店相關工作，起到指導或示範作用<br>　參加門店的早/晚會<br>　與公司各部門溝通協調，協助門店解決各項未解決的疑難問題<br>　記錄門店中的優秀工作方法、團隊管理方法等，以便與其他門店交流分享 | 1.駐店督導，可以深入門店，參與門店的相關工作，多方面給予現場指導、示範性操作，一般這次駐店督導方式是針對業績突出或業績較差、能力薄弱的門店<br>2.或者是在有專題督導如區域性專業技能提高、民意調查、分部督導調查等有較多時間留在門店時開展的督導工作<br>3.詳見：民意調查操作規範和專業知識技能書面測試操作規範<br>4.為加強溝通與交流，督導在駐店期間必須參與門店的早/晚會或日常訓練等活動 |
| 駐店督導小結 | **標準**<br>· 公平、公正、合理<br>· 現場作業<br>　認真完成本次駐店的所有表格<br>　對於不能現場解決的問題，詳細做好記錄<br>　把「巡/駐店督導檢查資訊回饋表」交及門店管理人員<br>　總結、分析在門店及市場所瞭解到的資訊，找出門店工作上存在的不足或影響業績的因素 | 1.在下次巡/駐店時，跟進、監督改善方案的執行情況<br>2.和門店所有夥伴告別，可在臨走前給門店員工開個簡短會議(在顧客不多時)，總結這次駐店中發現的門店問題，告訴員工自己對門店的期望及門店的成長目標等，以達到激勵員工的作用 |

續表

| 任務名稱 | 操作步驟 | 作業規範及注意要點 |
|---|---|---|
| 駐店督導小結 | 探討並制定改善措施<br>與夥伴告別，離開門店 | |
| | 標準 | |
| | ・ 具有一定的市場洞察能力及分析判斷能力 | |
| 資訊回饋 | 　將本次駐店督導的工作進行總結<br>　把各門店實際存在的問題及相關資訊回饋給公司各相關部門 | |
| | 標準 | |
| | ・ 及時回饋 | |
| 協調處理 | 公司各相關部門接到督導回饋的資訊後，及時分析、及時協調、及時處理 | 處理建議或處理結果及時知會督導部相關人員，以便下次督導時關注執行情況 |
| | 重點 | |
| | ・ 把督導帶回的回饋資訊，及時協調與處理 | |
| | 標準 | |
| | ・ 及時協調與處理 | |
| 後期跟進 | 關注並跟進上次駐/巡店督導時發現的問題，給予整改、完善建議後的執行情況 | 注意：每次駐/巡店都必須有相關記錄 |
| | 標準 | |
| | ・ 及時跟進 | |
| 資料歸檔 | 對駐/巡店督導各種表單及記錄卡進行分類、整理、歸檔 | |
| | 標準 | |
| | ・ 及時分類、及時整理與歸檔 | |

# 四、巡店的工作重點

巡店是督導師日常工作的主要內容之一。通過實地的巡視，我們可以全面地瞭解店面的情況：店面陳列、促銷員的實際表現、促銷活動的執行、客戶對我們的支援程度、客戶服務以及市場情況等，從而發現提高銷量和終端銷售佔有率的機會，同時為我們制定改進的行動計劃打下基礎。

## （一）做好巡店之前的準備

在對經銷商的實地巡店工作中，由於各家店的狀況和人員情況各不相同，每次的巡店工作目的及內容都不是完全一樣的。

因此，督導在每次巡店前，都應該針對該次巡店的目標，做好相應的準備工作。

具體來說，督導在巡店前要制定一個巡店計劃，並對目標市場的競爭環境和店鋪的經營情況有所瞭解：

①確定巡訪店鋪的行程安排，填寫《巡店計劃書》及工作重點；

②確定各市場的經銷商需求，有沒有需要總公司特別支援的工作，以便提前做好準備；

③查閱最近的銷售數據，並和去年的同期以及其他市場的情況相對照，以便發現新的問題和銷售機會；

④回顧上次拜訪的情況，那些工作已經落實，那些問題正在處理，那些問題需要這次巡店解決；

⑤相應工具的準備，如記錄店鋪形象用的數碼相機，各類報表、培訓手冊等。

在做巡店準備的時候，關鍵的部份是督導對每個經銷商及促銷

員的瞭解，只有這樣，督導才能根據所瞭解的情況，預先估計會有什麼樣的問題、異議的出現。總之，督導的準備工作越充分，就越能避免突發事件的發生。

## （二）巡店中的工作重點

要提高終端的巡店品質，就要根據公司的發展戰略，科學地規劃巡店計劃。首先要明確巡店的重點在那裏、最有潛力的是那些市場、最有可能出現問題的是那些市場，然後根據各市場的情況，確定合理的巡店頻率、路線和時間。根據二八法則，督導80%的精力，要用到最有可能產生業績的20%的市場。

### 1. 實力強大的經銷商

一個經銷商的優劣往往就決定了該品牌在當地市場的業績。督導在巡店的時候，一定要特別關注實力較強的經銷商，認真聽取他們的心聲，解決他們的問題，把他們樹立成標杆市場，其他經銷商就有了學習和模仿的對象，找到了前進的方向。

### 2. 單店業績突出的店鋪

連鎖經營的威力在於複製，督導就要像一個火種的傳播者，把優秀店鋪的成功經驗複製到其他的店鋪。

### 3. 公司需要重點掌控的形象店和旗艦店

因為這些店鋪不僅僅是銷售業績問題，還是一個良好的品牌宣傳途徑，是消費者瞭解該品牌的視窗。

### 4. 銷售業績不穩定的店鋪

瞭解這些市場的競爭情況，競爭對手是否有新的動作，商場是否有調整等。

### 5. 銷售業績不溫不火的店鋪

重點瞭解整體的市場環境，做好店員的培訓工作，通過仔細的

調研來發現問題，並通過培訓等手段提升經銷商和店員的工作技能。

（三）進入店鋪後的具體檢查重點

⑴貨場擺放重點是否與季節、當地顧客的消費特點協調，是否和當時店鋪貨量搭配。

⑵公司當時的促銷活動海報是否放在突出位置，數量是否充足。

⑶查看是否有缺貨情況，如有，立即提醒補貨，並記錄所缺貨品的貨號尺碼及數量，回公司立即與倉庫聯繫並跟進，務必達到第一時間進行補貨的目的。

⑷貨品擺放是否有層次感，是否形成系列化，是否美觀，特別在開季時要儘量將產品概念及特性發揮出來。但在減價期問，就必須將速銷貨品放在突出位置且數量充足，此時美觀應放在次位。

⑸要查核貨品價格牌是否正確，打折期間查看貨品折扣是否正確，如發現有錯，要立即讓店員改正。

⑹要和店員溝通，瞭解市場及銷售情況，匯總後交與經理，作為將來訂貨及配貨的參考數據。

⑺瞭解整個店鋪工作氣氛，包括員工之間的合作性和配合性。

⑻要不斷考察店員對公司貨品的瞭解程度。隨時抽查店員對店鋪貨品的瞭解程度，對不合格者及時提醒、警告，務必使店員達到熟悉貨品，並能有效推銷貨品的目的。

# 五、不同營業時間的督導重點

作為一個有責任心的督導，對於每天的店鋪管理工作細節都要留心。要分清每個工作時段，也就是營業週期的工作重點，以更好地做好店面管理工作。店面運營通常分為下面三個時段。

## （一）營業前的工作重點

### 1.開啟電器及照明設備

(1)音響控制是否適當。　(2)賣場燈光控制是否適當。

(3)開店前五分鐘廣播稿及音樂是否準時播放。

### 2.帶領店員打掃店面衛生

(1)入口處是否清潔。　(2)地面、玻璃、收銀台是否清潔。

(3)衛生間是否清理乾淨。

### 3.召開晨會

(1)各部門人員是否正常出勤。

(2)各部門人員是否依照計劃工作。

(3)工作人員儀容儀表是否符合規定。

(4)傳達公司政策，公佈當天營業活動的內容。

(5)對前日營業情況的分析及工作表現的評價。

(6)培訓新員工，交流成功售賣技巧。

(7)激發工作熱情，鼓舞員工士氣。

### 4.清點貨品，專賣店要清點備用金

(1)特價商品是否已陳列齊全。

(2)特賣商品 POP 是否已懸掛。

(3)商品是否即時 100%做陳列。

(4)購物袋是否已擺放就位。

### 5.核對報表

核對前日營業報表，傳送公司。

## （二）營業中的督導重點

(1)檢查店員儀容儀表，是否佩戴工牌，隨時整理工服，查看是否有工作人員聊天或無所事事。

(2)專賣店的店長需監督收銀作業，掌握銷售情況。

(3)控制賣場的電器及音箱設備（專賣店），是否定時播放店內特賣消息。

(4)備齊包裝紙、包裝袋，以便隨時使用。

(5)維護賣場、庫房的環境整潔，檢查是否有阻礙通道暢通或阻擋商品銷售的情形。

(6)及時更換櫥窗、模特展示，檢查商品陳列是否足夠用或過多。

(7)注意形跡可疑的人員，防止貨物丟失和意外事故的發生。

(8)及時主動協助顧客解決消費過程中的問題。

(9)收集市場信息，做好銷售分析。

(10)整理公司公文及通知，做好促銷活動的開展前準備和結束後的收尾工作。

### （三）營業結束後的督導重點

(1)核對賬物，填寫好當日營業報表。

①所有的進貨是否都拿出來賣了。

②本日所賣出的貨品是否已仔細統計過。

③本日所剩下的貨品是否已檢查過。

④本日所賣完的貨品有沒有追加進貨。

(2)營業款核對並妥善保存，留好備用金，準備好第二天的一切事務。

(3)檢查電器設備（如店內音響、冷氣機、招牌燈等）是否關閉，杜絕火災隱患。

(4)檢查店鋪門窗是否關好，店內是否還有其他人員。

# 第 *12* 章

# 督導師的溝通技巧

　　督導師要注意商店的需求、員工的需求和客人的需求，掌握適當的溝通技巧。溝通是督導師與員工分享訊息、想法和感覺的過程。溝通良好時，好意見能夠自由地在員工之間自由地流通，商店的發展也就更順利。

　　當溝通良好時，好的意見能夠自由地在員工之間自由地流通，商店的發展也就更順利。相反，如果一個餐館溝通不良，那麼商店的發展便變得停滯。因此，督導師需要特別注意商店的需求、員工的需求、客人的需求。

　　弄清了督導師的職責、目標和職位後，就需要開始融洽地進行工作，著手瞭解員工，傾聽他們所關注的問題，和員工一起改善對食客的服務。

　　溝通是督導師與員工分享訊息、想法和感覺的過程。溝通是如何進行的？

　　溝通是按以下五個步驟進行的：

　　第一步：發出訊息的督導師向接受訊息的員工講話。

第二步：督導師一定要細心觀察員工的表情、姿勢和其他的動作，以判斷員工的反應以及理解的程度。

第三步：員工向督導師表達自己的理解程度。

第四步：督導師除了傾聽員工的回饋意見之外，還必須注意員工的姿勢、表情、動作，以便接收到完整的訊息。

第五步：如果員工還是不能完全瞭解，督導師就應該重述剛才講過的話；如果員工已經完全瞭解，督導師就可以繼續新的內容或新的話題。

# 一、聆聽技巧

## 1.關鍵行動1：對員工所說的話，表現出興趣

督導師對員工所要說的話表現出興趣，這有助於自己更專注地傾聽，督導師也會因此受到鼓勵。有時候，員工不太願意談論自己的想法，害怕會引起負面的反應。督導師對員工所要說的話表現出興趣，可以鼓勵員工進行清楚和全面的交流。

方法1：以員工為中心。人們的思維速度通常要比說話速度快四倍。督導師的思維速度要比員工的講話速度快，這樣在傾聽的時候很容易走神和分心。

督導師應調整一下自己的思緒，不要去考慮其他事情，用餘出的時間聽員工說話。集中思考談話內容與自己已掌握的情況的聯繫。

方法2：直接告訴員工對其所說的話有興趣。讓員工具體地知道督導師對其說的話感興趣的原因，這能夠鼓勵交流，並且使談話針對主題。

方法3：用肢體語言暗示建立和保持融洽關係。

· 督導師面對員工，身體稍稍前傾。

· 保持開放式身體語言。

· 保持目光接觸。

· 適時地點頭和微笑。

· 給員工回答和說明的時間。

方法 4：用簡短的言語鼓勵員工繼續交流。在員工停頓或猶豫時，督導師使用簡短的言語暗示來鼓勵對方繼續交流。督導師用諸如「嗯」、「對」、「是的」、「好的」和「我知道了」之類的言語鼓勵說話的員工與自己分享更多的信息。

方法 5：避免打斷員工的說話。督導師要避免用自己的經驗、意見和觀點去打斷員工的說話。督導師有時候會忍不住想加入自己的想法，但這樣談話的中心立即從員工轉向督導師。如果督導師確實想讓員工說出實情，並想獲得自己所需要的所有信息，督導師應讓員工講完之後，再提出自己的觀點。

## 2.關鍵行動 2：提出問題，使談話針對主題

提出問題是督導師最有力的工具。督導師有效地提出問題，可以使自己由被動變為主動，甚至積極。督導師通過提出合適的問題，能夠澄清所聽到的內容，並獲取新資料。督導師還可以使談話針對主題，以及控制談話。

⑴使用開放式問題。督導師的開放式問題能鼓勵員工作出詳細的回答。這些問題用諸如「誰」、「怎樣」、「什麼」和「請告訴我」等詞語開頭。儘管「為什麼」和「你怎麼」開頭也構成開放式問題，但督導師必須加以慎用，因為這種問法會促使員工進行自我防衛。

在下列情況下，督導師可以使用開放式問題。

· 員工沉默寡言或說話較勉強。

‧督導師希望推動談話。

‧督導師需要讓員工說出自己的顧慮、觀點或感受。

‧督導師想建立信任和融洽的關係。

‧督導師需要弄清不能確定或理解的觀點。

⑵慎用封閉式問題。督導師的封閉式問題經常用諸如「是否」、「是否能」、「是否會」和「是否將」等詞語提問。這種問題決定了通常只能以「是」和「不是」或一個簡單的事實作回答。

儘管這類問題限制了交流，但是當督導師想縮小討論範圍或想確定具體信息時，這類問題還是有效的。

督導師在下列情況中，可以考慮使用封閉式問題。

‧督導師需要將談話引到某一個具體話題或問題上。

‧督導師對事實心中有數，但還想進一步確定。

‧督導師的時間有限。

‧員工在閒扯，或是離題萬里。

‧督導師想確認員工所給予的支持、承諾或贊同。

### 3.關鍵行動 3：督導師告訴員工有關的理解

督導師所接收到的信息可能與員工想要傳遞的信息並不完全一致。督導師通過告訴員工有關的理解，就可以防止產生誤解，而且避免日後導致問題。

方法 1：覆述所聽到的內容。當談話出現正常停頓時，督導師覆述或歸納自己所聽到的內容，這就給了員工進行糾正和澄清的機會。

方法 2：重述直到相一致為止。如果員工不同意督導師的覆述，督導師就要重述，直到相一致為止。

方法 3：對員工的情緒表示理解。這使員工有一種被接受的感覺，而且有助於在克服情緒干擾之後，回到要點上來。如：「我能理

解你為什麼不情願。」

## 二、有效的表達技巧

督導師必須盡可能地把話講清楚。要讓員工瞭解督導師的想法，並不是一件很容易的事。如果誤解了督導師的訊息，員工可能會浪費時間，甚至犯下嚴重的錯誤。如果想瞭解督導師的意思是一件很困難的事，最後員工也許就放棄了。常見的情況是，一個字或一句話對每個人來說都可能代表著完全不同的意義。經常在一起的人才會瞭解個人的用語有所不同。為了使員工盡可能瞭解，督導師必須因人因地因時慎重選擇自己所用的語言。

### 1. 避免障礙的發生

為了避免障礙的發生，督導師必須注意以下八點。

- 建立良好的人際關係，保持尊重員工的態度。
- 用簡單的語言，避免使用專業術語。
- 保持訊息的簡單，不要在同一時間交付太多的事情。
- 不要說得太快，使得員工聽清楚每一部份。
- 適當地保持音量。
- 不要用弦外之音，避免使員工產生猜測。
- 當發出訊息時，要注意員工的反應，是否困惑。
- 在指正錯誤時要避免傷害到員工的自尊心。

### 2. 有效表達的行動指南

(1)選擇一個恰當的時間。督導師要安排一個時間，使自己和員工在這個時間裏進行交談，不受外界的影響。如果事情較為重要，可以安排一個較長的時間。同時，如果可能的話，儘量估計一下應

使用的時間，告訴員工談話會進行多長時間，並儘量在規定時間內結束。

(2)選擇一個恰當的地點。督導師要思考一下自己所要進行表達的事情，什麼樣的事情需要一個正式的場合，什麼樣的事情可以在一個較為寬鬆或隨意的環境下進行交談。考慮你進行表達的過程中是否不受干擾。與員工以正式撤離式進行交談，需要一個不受干擾的空間，不要一會兒走進一個員工要求簽字，一會兒來人要處理其他的事，這樣會打斷談話的思路，同時，也分散員工的注意力，不利於進行正確的表達，有時，甚至會產生其他意想不到的後果。

(3)表達應當簡明、確切、扼要、完整。如果督導師拖泥帶水，說了半天也說不清楚，或是以為員工沒有明白，一個觀點重覆了半天，很快就會使員工喪失繼續聽下去的耐心。所以，督導師在進行表達之前，應儘量做好準備，把要達到的目的、主要內容、如何進行表述粗略地組織一下，估計一下需要多少時間，盡可能在這個時間內結束表達。

(4)使用員工熟悉的語言進行表達。強調重點，這樣可以告訴員工對於什麼內容需要他們格外重視。督導師可以在重點的地方稍微停頓一會兒，或是重覆一下自己的觀點，或是徵詢員工對此的看法。這樣就會避免出現講了半天，員工聽得雲裏霧裏，最後，卻不知道督導師究竟想說什麼的尷尬局面。

(5)語言與形體語言表達一致。形體語言有時會幫助督導師加強表達，使督導師的表達更有力和活潑，但也要注意有時卻會起到相反的作用。

### 3.檢查員工是否已經聽明白

督導師說到重點的地方，可以停下來，問一下員工是否聽得明

白，或者採取問相關問題的方式瞭解員工的狀態，如果員工沒有完全弄明白督導師所要表達的內容，督導師可以再重覆一下所要表達的內容，或採用其他方法再講一遍。這樣，便於督導師及時發現問題，調整自己的表述方法，雖然這看起來是浪費了時間，但總比花了時間講了一堆內容，最後員工還沒明白要好。

### 4.從不同側面進行闡述或重覆

如果督導師所要表達的意思對於員工來講比較複雜，理解起來有一些難度的時候，就可以採用幾種不同的方法，從問題的不同側面進行闡述，或者多重覆幾遍，直到督導師認為員工已經明白了所講的內容。

### 5.建立互相信任的氣氛

督導師在表達過程中，最為關鍵的是與員工建立一個相互信任的氣氛和關係。這樣，督導師表達的要點才起作用。如果大家互不信任，再好的表達也沒有作用。

## 三、督導師與員工建立相互依賴的關係

在督導師與員工的工作關係裏，督導師享有大部份的權力和影響力；督導師下達命令，員工遵照督導師的命令行事。在相互依賴的關係裏，存在更多的平等；即使督導師享有權威或職權，但樂於把這些權力與員工分享。督導師與員工的工作中，員工更傾向於後者，因為它能建立一種信任、可靠和協調的相互關係。督導師需要和員工建立相互依賴的關係，它能最大限度地鼓舞士氣和提高效率。因為員工們想把工作做得更好，因而他們的工作表現會更出色。

員工們對於事件或問題的看法通常不同於督導師的看法；除非

督導師能運用重要的溝通技巧，否則分歧可能會激化矛盾；而矛盾可能影響彼此的信任、和諧與合作。遇到這種情況，一些督導師就會轉而採用專制的從屬關係來進行督導管理。這些督導師會指手畫腳、行為魯莽，他們可能會取得短期成效，卻留下一個爛攤子，這樣就會對員工們造成士氣低落、工作懈怠的影響。

　　為改善與員工的溝通技巧，督導師可參考下面的「重要溝通技巧一覽表」。這樣，督導師將與員工建立起相互依賴的關係，有助於提高員工的工作士氣和成效，並使員工改善工作態度，為餐館帶來更多的收益。

### 表 12-1　重要溝通技巧一覽表

請督導師評價自身的表現並打分，把各項得分相加。
1＝幾乎沒有　　2＝很少　　3＝有時　　4＝經常　　5＝大部份時間
完成後，請在擅長的三個選項旁畫「＋」，並在待改善的兩個選項旁畫「√」。

| 項目 | 評分 |
|---|---|
| 1. 花時間與員工溝通 | 1 2 3 4 5 |
| 2. 遇到意見分歧時，能傾聽員工意見 | 1 2 3 4 5 |
| 3. 詢問員工以獲得更多的信息 | 1 2 3 4 5 |
| 4. 解釋自己對事情的理解 | 1 2 3 4 5 |
| 5. 徵詢員工的意見 | 1 2 3 4 5 |
| 6. 即使員工持反對意見，也能表示認可 | 1 2 3 4 5 |
| 7. 尊敬並不失尊嚴地對待員工 | 1 2 3 4 5 |
| 8. 尋求雙方都贊同的解決方法 | 1 2 3 4 5 |
| 9. 貫徹自己的承諾 | 1 2 3 4 5 |
| 10. 堅持並確保積極的溝通 | 1 2 3 4 5 |
| 11. 通過很好的眼神交流和身體語言來關注員工表明自己十分關注員工的情況或需求 | 1 2 3 4 5 |

| 總分 | |
|---|---|
| 55 分 | 很好，有出色的溝通技巧，請繼續學習。 |
| 54～39 分 | 好，所做的很多事情都是正確的，請注意，並繼續學習。 |
| 38 分以下 | 這是個改進的機會，請下定決心，不斷學習。 |

### 1.與員工溝通方式之一：個別溝通

(1)一對一溝通的優點

· 改善溝通效果。

· 消除存在問題。

· 防止隱患問題。

· 顯示尊敬重視。

· 提高員工士氣。

· 提高工作效率。

· 建立和諧氣氛。

(2)進行任務分配

優秀督導師懂得如何分配任務，讓員工去做力所能及的工作，這樣才能更快、更好地完成工作。

督導師在分配任務時，應遵循以下步驟，與員工一一會面。

· 清晰地概述督導師的期望、工作目標和督導師讓員工承擔這一任務的原因。

· 確立時間期限。

· 回答所有與工作有關的問題。

· 讓員工確信自己有能力做那項工作，並給予員工必需的設施、支持或培訓。

· 跟蹤檢查所取得的進展。

### 2.與員工溝通方式之二：團隊溝通

當督導師督導管理的員工不止一個的時候，便會出現團隊精神問題。定期召開溝通會議，也是提高團隊精神的方法之一。

溝通會議對商店經營十分重要，督導師可通過溝通會議彙集不同情報、智慧及觀點等資源並善加利用，達到資源整合的目的。

## 表 12-2　舉行督導管理溝通會議的要訣

| 設定目標 | 開會理由及會議目標為何 |
|---|---|
| 設定議題 | 內容及議題主要有那些 |
| 選定地點 | 在何處開會，會場如何佈置 |
| 選定名單 | 出席會議人員有那些，如何安排 |
| 選定時間 | 何時開會，會議主持人和記錄員是誰 |
| 選定程序 | 如何進行，是否需要視聽工具，需要做那些協調工作 |

## 表 12-3　督導管理溝通會議準備提示

| | 會議日期 | 年　月　日　星期 | | |
|---|---|---|---|---|
| 1.確定日期和時間 | 開始時間 | | | |
| | 結束時間 | | | |
| 2.確定地點和人員 | 會議地點 | | | |
| | 參加人員 | | | |
| 3.確定議題和議程 | 議題一 | | 時間 | |
| | 議題二 | | 時間 | |
| | 議題三 | | 時間 | |
| | 議題四 | | 時間 | |
| | 議題五 | | 時間 | |
| 4.準備相關文件和資料 | 議題一 | | | |
| | 議題二 | | | |
| | 議題三 | | | |
| | 議題四 | | | |
| | 議題五 | | | |
| 5.事前通知和聯絡 | (1)確認人員出席情況 | | | |
| | (2)確認與會者瞭解會議議題、議程，並提供相關資料 | | | |
| | (3)收集與會者會議要求與相關文件 | | | |

同時也可借由群體的思考與辯證，激發出新靈感和新點子，幫助員工再成長。在溝通會議上，督導師與員工之間也可通過溝通增進彼此的瞭解，以強化合作效能。督導師也可以利用會議，讓工作任務透明化，以明確分工、各負其責之效；更借由共同的參與，加強員工對商店的忠誠及對工作的熱情，以達到鼓舞員工士氣的目標。

# 四、督導師如何與店老闆進行積極溝通

- 督導師要站在更高的角度看問題，瞭解整個發生的情況。
- 主動溝通，尋求不斷改進的方法。
- 提出問題的解決方法，而不只是提出問題。
- 寫出自己的目標和計劃，並和老闆進行交流。
- 每週或每個月和老闆會面，討論督導管理工作所取得的進展。
- 讓老闆知道出現的問題和變革，不要讓老闆感到意外。
- 嚴格遵守承諾和時間限制，對此進行有組織的跟蹤調查。
- 盡督導師所能地構建和其他部門之間的橋樑。
- 分清當務之急，著重解決最重要的問題。
- 要勇於承擔責任，不要歸咎於他人；如果有些障礙是督導師自己難以控制的，則想辦法使它最小化。

1. 督導師與老闆溝通的形式之一：接受指示。

- 督導師在進行溝通之前，首先同老闆進行確認，明確指示的時間、地點。
- 督導師通過發問的形式，明確溝通的目的是不是接受指示，以便做好準備。
- 督導師要明確指示的目的，隨時注意、防止溝通過程演變為

諸如商討問題、向上彙報工作、老闆進行工作評價等其他的
溝通類型。

- 督導師要對老闆的指示進行恰當的回饋，以最有效的方式同
  老闆就重要問題進行澄清。

- 督導師既然是接受指示，就應當首先將指示接受下來。即使
  有什麼問題，也不要急於進行反駁，除非得到老闆的認同，
  否則不要在這個場合與老闆進行討論和爭辯。

## 2.督導師與老闆溝通的形式之二：彙報工作。

督導師向老闆彙報工作的要點包括以下五點。

- 督導師彙報工作時，應客觀、準確，儘量不帶有突出個人、
  自我評價的色彩，以避免引起老闆的反感。

- 督導師彙報的內容與老闆原定計劃和原有期望相對應。

- 不要單向彙報，應尋求回饋，或確認老闆已清晰地接受了督
  導師自己的彙報。

- 關注老闆的期望，特別是對於老闆所關注的重點，應重點或
  詳細進行彙報。

- 及時回饋，對於老闆作出的工作評價，有不明白之處應當立
  即回饋，加以確認，從而獲知老闆評價的真實意思，以免造
  成溝通的障礙。

## 3.督導師與老闆溝通的形式之三：商討問題。

老闆與督導師之間商討問題，應當本著開放、平等和互動的原
則進行，但是實際上很難做到真正的平等、互動。所以，需要在商
討問題的過程中時刻注意把握分寸，保持良好的溝通環境。討論問
題的原則包括以下五點。

- 平等、互動、開放。

- 正確扮演各自的角色，雙方按各自的權限作出決定。老闆不要過分關注本該由督導師處理的具體問題。
- 切忌隨意改變溝通的目的，將商討問題轉變為老闆做指示、對督導師工作進行評價，或下級進行工作彙報。
- 事先約定商討的內容，使雙方都做好準備。
- 如果當場做出決定，事後一定要進行確認，避免由於時間匆忙考慮不週而出現偏差。

　4.督導師與老闆溝通的形式之四：表達意見。

為了避免出現溝通障礙，在表現時應遵循以下三個原則。

- 督導師表述意見應當確切、簡明、扼要和完整，有重點，不要拖泥帶水，應針對具體的事情，而不要針對某一個員工。
- 督導師要注意自己的位置和心態。向老闆反映的某些事如果超出自己的職權範圍，或者根本與本部門沒有太大的關係，就不要過分期望老闆一定會向自己做出交代和回饋。
- 不要強加於人，不要形成辯論。

# 五、督導師要激勵員工士氣

　　督導管理的成功是由整體表現來衡量的，而整體表現又是單個員工表現的總和。每個員工的表現都能夠提高或降低總的生產力和督導管理的成功程度。最大的問題是，如何才能激勵表現差的員工發揮出他們的潛力，提高他們的生產力。

　　所謂激勵員工便是迎合其需要，將員工引導至更高的工作績效，更好的工作表現。

　　激勵，就是促使員工為共同目標一起努力。激勵是督導師關心

員工的重要方面之一。

　　督導管理的成功是由部門的整體表現來衡量的；而部門的整體表現又是單個員工表現的總和。每個員工的表現都能夠提高或降低總的生產力和督導管理的成功程度。最大的問題是，如何才能激勵表現差的員工發揮出他們的潛力，提高他們的生產力，以及如何才能使表現優秀的員工在工作中保持旺盛的精力，並且不會另謀高就。

　　積極的工作氣氛，是一種使置身於其中的員工能夠並且願意更有效地工作的氣氛，這些員工能夠在工作中做出自己的最佳表現，發揮最大的自身潛力。創造積極的工作氣氛的方法之一是滿足員工的期望與需求。

　　士氣是一種與工作的完成有關的團隊精神面貌。士氣的表現形式覆蓋的範圍很廣：從熱忱、自信、歡快、奉獻一直到洩氣、悲觀、冷漠和陰鬱。士氣由團隊中每個員工對工作的態度構成；這種態度會迅速從一個員工傳給另一個員工，直至團隊中的所有員工都持有相同的想法。各種可能會隨時發生變化。當士氣很高昂的時候，督導師能看得到；當士氣低落的時候，督導師能察覺出來；在處於中間水準的時候，沒人會談及士氣。

　　高昂的士氣是一個商店最好的現象。為了能夠建立起積極的工作氣氛，督導師需要特別關注個人、工作、督導管理三個方面。下面列出了建立積極工作氣氛的各種方法，督導師可以瞭解一下其中一些能使工作變得更令人愉快的方法。

　　建立積極的工作氣氛的方法

　　· 書寫一份有效的遠景構想陳述，訂立指導原則。

　　· 把遠景構想和指導原則制度化。

　　· 每天都友好地跟員工打招呼並努力瞭解他們。

· 積極傾聽員工的意見，在適當的時候對員工給予幫助。

· 公平並一視同仁地對待員工。

· 不要對一名員工談論另一名員工的工作表現。

· 向員工通報情況，讓員工參與管理。

· 如果可行的話，為員工提供一些諮詢和保健活動。

· 使用最新的、準確的工作細則。

· 培養員工如何做好本職工作，並對員工進行個別指導。

· 每年至少對員工進行一次正式的評估。

· 制定糾正錯誤的指導原則，並傳達給員工。

· 用兩步走的過程來處理不利於生產的行為。

· 預防不利於生產的行為。

· 遵循員工獎勵的指導原則，員工好的表現應得到回報。

· 為員工制訂利潤分成或所得分成的計劃，幫助員工看到他們的工作成果。

· 盡可能多地讓員工做出他們自己的決定。

· 交叉培訓員工並輪換他們的崗位。

· 建立事業階梯，使員工得以內部晉升。

· 為員工提供個人和事業發展的機會。

· 給員工安排特殊的任務。

· 能夠勝任自己所做的工作。

· 管理好自己的時間。

· 做良好的角色榜樣。

· 建立有競爭力並且公平的工資檔次。

· 提供適合員工的、有競爭力的福利待遇。

· 提供合理的工作時間安排。

·提供一個舒適、安全、乾淨的工作環境。

## 1. 關注員工

所有的動力都來自員工本身，督導師不可能推動員工把工作做好，但督導師可以激活員工自身的動力。可能是員工的工作本身；可能是督導師的督導管理方式；可能是工作環境；也可能是有關金錢、被認可、成就感或員工的個人目標。

員工職業需求的演變過程即：求生存→求學習→求發展→求自我價值。

瞭解員工的最佳方式，就是觀察員工。他們如何進行工作？他們對你、對同事遲緩、毫無拘束還是很僵硬？他們在傾聽和說話時有何種表情？尤其注意他們的手勢和面部表情。什麼能使他們愉快？什麼能令他們沉默？尤其注意他們在閒聊中所說的有關他們自己的事。這對督導師來說可能是一種全新的方式，但是觀察員工，可以使督導師很快就會變得善於發現線索。

## 2. 培養員工

幫助員工在工作中取得進步並發揮他們的潛力，這是督導師工作中最關鍵的事情之一。督導師的目標應該是所有的員工都同樣出色，因為這樣可以使工作變得更容易，並可以得到老闆的器重，而且也有益於員工。

督導師可以通過下列方式來培養新員工：培訓、回饋、鼓勵、支援以及提供合適的設備並且從總體上協助他們的工作，使他們感受到自己對運作過程的重要性、感受到自身的價值、感受到自己的成績和成長。

對那些極具潛力的員工，督導師應該做的還不應只局限於上述方面。督導師應該儘量培養員工的技能；運用員工的才幹；向員工

徵詢對工作的看法，以進一步觀察員工；讓員工擔負責任；在力所能及的範圍內為員工敞開向前進的大門。如果督導師培養出了能頂替督導師的位置的員工，那麼，老闆要提升督導師就容易多了。如果員工中無人能取代督導師的位置，老闆就不太可能提拔督導師，因為老闆需要督導師繼續幹這一份工作。

培養員工，也有利於員工士氣的提高，這樣能給員工一種向前進的感覺，從而避免員工失去新鮮感或者原地踏步、停滯不前。同時，讓員工感覺到你在幫助他們前進，也有利於他們接受你的領導地位。

### 3.關注工作

當工作中的某些東西是員工感興趣的，並且能激起他們把工作做好的願望時，員工就能做出最出色的表現。督導師可以用以下兩個方面來激勵員工，並創造一個積極的工作氣氛。

⑴適合員工的工作。給合適的員工安排適合的工作，員工對自己工作的自豪感可以成為強大的激勵因素。

⑵充實員工的工作。員工感到厭倦是因為工作沒有把他們的時間佔滿，工作用不上他們的才華、學識、能力。

督導師可以讓員工在工作中擔負起更多的責任，或是放手讓員工嘗試用自己的方式達到工作目的，以使員工更有機會取得成績、得到認可、學到東西、得到成長。

### 4.關注榜樣

不論督導師是否意識到，其自身都在為員工樹立一種榜樣，員工會模仿督導師所做的一切。心理學家把這一現象稱為角色榜樣。如果督導師期望員工有最佳的工作表現，就必須在工作中做出最佳的表現。如果督導師付出 100%的時間和精力，很可能員工就會給予

150%的回報。但如果員工看到督導師只付出了 80%的時間和精力，並且聽到督導師抱怨自己的問題，員工就會只付出 50%的努力。

　　督導師做出自己的最佳表現，是指督導師永遠把自己最好的一面展示出來。一些督導師在遇到一些困難的時候，會變得十分軟弱，進而失去控制力，把自己壞的一面展示出來。在督導師身為角色榜樣的時候，這種情況極具破壞性。當督導師管理的是與食客打交道的員工時，情況尤為如此。

　　如果督導師在一群員工面前大發雷霆，衝著員工大吼大叫，員工會把督導師的語氣翻版，督導師的行為在員工心中所激起的情緒直接帶給食客，員工將變得極不耐煩、充滿敵意，而且不顧及食客的需求。督導師對員工進行的服務培訓，將被員工拋諸腦後。

## 5.善用批評

　　多數的員工認為他們並沒有得到足夠的讚美與重視，因此，督導師要注意必須經常致力於注意和讚美員工。一個良好的原則，是督導師每一次批評便該有三次的讚美。如果員工認為督導師注意到他們的工作成績，他們便更願意接受督導師的建設性批評。

## 6.正面教導

　　讚美是很有力度的，特別是當讚美既清楚又及時的時候，但不該只讚美表現一直是最好的員工。

　　用正面語句開始教導是有效的，因為，員工清楚自己有什麼事情做得好。當被督導師說出來時，員工會感受到被關心，這種鼓勵對於一名新的員工或者正在學習一門新技術的員工至關重要。這為進一步教導員工創造了一種舒適的環境。如果員工聽到了某種正面的話語，他們便更可能聽取有關改進的建議。

　　用正面語句做結束是有效的，因為，員工聽到督導師的期望與

信任會被鼓勵。這些員工知道什麼事情自己必須按一種方式去做，也知道督導師信任自己才會去這樣做。

員工將有信心接受教導而且去掉躲避教導的想法，因為這些員工知道督導師不是指責自己，而是想幫助自己。

## 7.適時讚美

督導師應讚美自己想再次見到的行為。例如，廚師以很快的速度烹調出某種菜肴，但卻並不符合標準，督導師就不應該讚美這種行為，因為督導師一旦為這種行為開綠燈，便會再次看到不符合標準的菜肴。

督導師對具體行為做出讚美時最為有用。在下面兩個讚美中，那一個比較合適呢？

· 讚美一：「你幹得好極了，要保持成績。」

· 讚美二：「我喜歡你服務客人的方式。你能用親切的笑容說出歡迎光臨，給客人一個良好的印象。」

第一個讚美雖然讓員工知道受到賞識，但為了什麼而得到讚美呢？第二個讚美則說出員工所做的事，以及為什麼所做的事是值得讚美的。

當讚美員工時，督導師的姿態也很重要，必須把督導師說話的誠意表達出來，不僅目光要注視對方，並且要面帶笑容。

## 8.團隊力量

有這麼一個古老的寓言：在非洲的草原上如果見到羚羊在奔逃，那一定是獅子來了；如果見到獅子在躲避，那就是象群發怒了；如果見到成百上千的獅子和大象集體逃命的壯觀景象，那就是螞蟻軍團來了。

從這個古老的寓言中，我們可以得到以下啟示。

蟻是何等的渺小微弱，任何人都可以隨意處置它。但它的團隊，就連獸中之王也要退避三舍。個體弱小，沒有關係，與夥伴精誠協作，就能變成巨人。

螞蟻的精神值得人們永遠銘記學習。螞蟻是最勤勞、最勇敢、最無私、最有團隊精神的動物。勢如捲席，勇不可擋，團結奮進，無堅不摧──這就是由一個個弱小生命構成的團隊力量！

螞蟻只是小小的低級動物，其團隊尚如此威猛無敵，作為萬物之靈的人呢？那麼在餐館中團隊的價值又是怎樣表現的呢？

- 團隊就是督導師的鏡子，如果團隊有什麼問題，根源一定在督導師。
- 成功是每個員工努力的結果；失敗是督導師全部的責任。
- 督導師是餐館的核心。

# 六、（案例）有趣的督導師溝通制度

督導師需要和員工進行溝通，這也是一種感情投資。如果督導師把更多的個人時間給了員工，員工也會給督導師更多他們的時間。督導師要尊重員工，和員工進行交談，傾聽員工的心聲，並和員工一起工作。如果督導師能做好溝通工作，員工會拿出最佳的工作表現，並承擔更多的工作任務。

作為普通員工的李先生，進入擔任前台的收銀員，兩個月以後，因為一次和經理偶然的溝通，她上了工作以後最寶貴的一課。有一天，李先生因為工作失誤，心情很不好，經理堅持不讓李先生繼續上班，以免把不好的情緒帶到工作中，和食客引起不必要的摩擦。

　　經理和李先生進行了溝通，經理的話給李先生帶來很多有益的啟發。經理說：「李先生，你工作的目的不是學習怎樣收錢、怎樣做漢堡、怎樣打飲料，而是要學習怎樣和其他同事交流、怎樣處理人際關係、怎樣學習新事物，是要學習精神和企業文化。」

　　經理又說：「犯錯誤是很常見的，不光是你，我也在所難免，關鍵是自己對待錯誤的態度。錯誤是你進步的契機，沒有錯誤，你就不知道那裏是你的機會點。現在錯誤出現了，最不該做的就是心浮氣躁，而最應該做的，是尋找錯誤的根源，下次不再犯錯。如果下次情緒調整好了，但還是出現同樣的錯誤，就應該再仔細想想其他可能的錯誤根源，再去改正。要記住，自信是很重要的，知道自己有缺點，同時也要堅信自己是最好的。」

　　經理還說：「我今天跟你說的一切都是以前我的經理告訴我的，不是我自己編的，以後你也可以坐在我的位置和你的下屬溝通，告訴他們你的經驗。」

### (1)麥當勞的溝通制度

　　麥當勞有一項優點制度，就是溝通制度。在麥當勞，每個月都會有店經理、副經理、見習經理等不同的經理和員工組長找每一個員工談活，通過和員工的溝通，瞭解員工的想法，以及員工對麥當勞的意見和建議，然後共同探討員工的優點和可以改進的缺點(麥當勞稱之為「機會點」)，以促進員工發揮優點、提離素質。除了每月的定期溝通，麥當勞平時的溝通也很多，這當中包括員工之間、員工和經理之間的溝通。

　　麥當勞的部門經理都各有專職，但隨時和員工溝通是每一個經理必須要做的工作，溝通的目的就是讓每個員工得到自己想要的、說出自己想說的，讓員工在工作中做得更好。

　　麥當勞的員工除了平時工作中學習到的團隊精神之外，和經理溝通是得到經驗的最佳途徑。儘管溝通制度在麥當勞的人力資源管理中是很小的一部份，但它使得每一個麥當勞員工都學會了協調。

　　麥當勞的溝通制度，是讓員工獲得了說出自己想法的機會，讓員工更瞭解自己的優點和缺點，也讓員工得到麥當勞最寶貴的經驗，知道人與人之間的溝通的重要性。

## (2)麥當勞的溝通方式

　　在每一個月中，麥當勞的管理組長都會和所有管理員工進行一次溝通，組長會以績效考核表評估，不過在填表之前，管理組長如果對評估有任何意見，都可以先和經理協商，進行雙向溝通，但是其目的僅限於建立共同的價值觀與輔導。組長不會因為員工的答詞而修改考核成績。

　　經過每個月的考核與事後個別談話，管理組同事可以感受到被關心的程度，因而激起了工作意願，為下次的考評而努力。

　　在麥當勞，全體員工主要有會議、臨時座談會和利用公佈欄三種溝通方式。

　　其中，會議溝通又分為服務員全體大會、管理組會議、組長會議、接待員會議、訓練員會議、小組會議。

　　麥當勞的溝通方式一般為面談，除了成績考核以外，在訓練及輔導時也常使用溝通方式。

　　麥當勞還備有服務員聯絡簿、經理聯絡簿、訓練員聯絡簿等，這些隨時可將公事上的重點寫下，也可以借此互傳信息。

　　麥當勞的這些溝通管道，其真正意義在於創造資源共有化，在員工中達成共識，從而促使每個員工體現參與、合作、負責的精神。

# 第 *13* 章
## 督導師的時間管理技巧

　　時間管理是一種技巧，安排好時間，就能從容、高效地達到工作目標。對督導師而言，時間管理也就是自我管理，讓督導師有效地運用時間去處理有價值的事情。

　　時間管理不是用來製造額外的時間，好讓督導師處理緊急變故、特殊事件或從事休閒活動，時間管理是讓督導師有效地運用時間去處理有價值的事情。一天只有 24 小時的時間，時間管理是一種技巧，安排好時間，就能從容、高效地達到督導師個人的工作目標。

　　時間管理是讓督導師有效地運用時間去處理有價值的事情。有效的時間管理對督導師助益良多，如果督導師對時間管理得非常好，好處顯而易見：

　　‧督導師的工作更有效率。

　　‧督導師有更多的時間，用來處理具挑戰性的工作。

　　‧督導師會更有生產力，因為工作夥伴效率會增加。

# 一、督導師不當的時間管理

## 1.浪費時間的因素

時間的浪費是難以察覺的，如：客人的抱怨、處理一些瑣碎的雜事、與員工溝通，這些都佔用了督導師寶貴的時間，經常浪費時間的因素有忘記事情、尋找東西、後悔過去、故意拖延、沒設目標等幾項。

### (1)忘記事情

如果督導師忘記該辦理的事情，事後彌補結果往往是事倍功半。避免浪費時間最好的辦法是將想要做的事，每天用日曆記錄下來，何時有會議要開、何時要與員工面談等。不要使用小紙條，也不要太相信自己的腦子，如果使用日曆得宜，將可以節省許多寶貴的時間。

### (2)尋找東西

督導師時常將許多時間花在尋找東西上，如果能將東西放在固定位置、分類放好，不用等到需要才遍尋不著，如此便可省下許多尋找的時間。平時有條理地做好歸檔的工作，減少找東西的時間，可提升工作效率，對於時間管理也能有所幫助。

### (3)後悔過去

一些督導師浪費許多時間在後悔過去，也有一些督導師浪費許多時間在害怕未來。過去已經過去了，永遠追不回來；只有把握現在，才能掌握未來。投資時間才能節省時間，每天多花點時間提升專業知識或是磨煉技藝，使自己完美，努力成為專精此道的專家。

⑷故意拖延

時間管理的最大「瓶頸」便是拖延。對於份內應該做的事或答應他人之事，故意習慣性延期。當被指派接下某項工作就該馬上動手，不要任由時間飛逝。把這件工作在日曆上註明，著手收集所需資料並將其標明歸檔。

⑸沒設目標

如果督導師可以假想工作中該做的事都沒做，將導致何種結果，即可明瞭這是多麼重要的課題。設定目標，明確掌握整體的方向後，再逐項從小處著手。該如何規劃時間的運用？有任何的人力資源運用嗎？需要那些資料來源？思考和計劃，可以讓個人很快進入狀況，長期來說，還可以節省時間。督導師首先必須從現在到未來 48 小時推進，設立目標。

## 2.處理電話干擾的八種方法

電話是最常被使用，但也最常被濫用的溝通工具，因此在職業生活中，是最頻繁的干擾源。其實，電話有點像不請自來的訪客，當很多人不敢直截了當地沒有預約而侵入督導師的辦公室時，利用電話卻可以在任何時間做到，因為有了空間距離，又能直接對話。一旦建立了這種聯繫，即產生沒有必要、浪費時間的談話。

電話應該是有效的資訊與聯繫工具，使用這種工具，一方面有節省時間的優點，另一方面也是日常工作中非常頻繁的干擾源；是節省時間最有效的工具，但也是最常見的時間吞噬者。電話是節省時間還是浪費時間，得看如何合理地運用與如何擺脫濫用的行為模式。

督導師使用電話的八種改善方法：

①主動先打電話比被動接電話容易縮短通話時間。

②通話中儘量不要有沉默的時間。

③事先跟對方說明能通話多久。

④在打電話前，先記下要通話的要點。

⑤在忙的時間，告訴對方自己正忙，等一下再回對方電話。

⑥儘量在一次通話中完成所有的事。

⑦與必須時常通話的人，固定一個雙方都方便的時間。

⑧在預定時間內將所有的電話打完。

### 3.處理開會干擾的方法

會議本來是溝通意見、解決問題與制定決策的一種有力手段，但是卻經常被濫加使用，以致成為一種浪費時間的疾病。

①全部或局部取消例會，將例會中有待討論的議案，累積到相當數量時再召開；如有可能，所有的會議都要獲得上級批准才能召開，這一策略的主要用意，在於督導師在開會之前三思有無開會的必要，以杜絕濫用開會手段。

②開會之前必須先確立清晰的目標。

③儘量減少參與會議人數；選擇適當的開會時間，使所有參與會議者都能出席；選擇適當的開會場地。

④議程及有關資料應先發給參與會議者，使他們能事先做必要的準備。議案必須按照重要程度依序編排，特別重要的議案，應擺在最前面。

⑤應實現訂定會議的所需時間；會議應準時開始；在會議進行中可指定專人控制時間。

⑥應按議程所編列的優先順序進行討論；除非重要且緊迫的事件發生，否則應避免會議受到干擾。

⑦視實際需要可讓部份參與會議者參加會議其中的一部份，也

就是參與會議者只參與他們有關的議案的討論。

⑧在結束會議之前，應概括覆述所達成的結論，或覆述經過參與會議者所同意的各項工作分配及完成各項工作的時限。

⑨會議應準時結束，讓參與者安排自己的時間繼續工作。

⑩會議記錄應儘快完成，精簡完畢之會議記錄應在開完會後 1 天之內或最遲在 2 天之內分派給有關人士；為杜絕參與會議者的無故缺席、遲到或早退，可考慮在會議記錄上註明那些人無故缺席、遲到或早退。


## 二、督導師的自我管理時間

優秀的督導師有不同的特徵與特質。有一種特質對於督導師而言卻是共同的：督導師能有效地利用時間，能真正領導管理的工作並且有較多的休閒時間。在許多場合，督導師經常都說「如何控制時間」、「如何支配時間」和「如何掌握時間」等話語。不管怎樣，時間總是按照一定的速度來臨，又按照一定的進度消失。時間本來就無從控制、無從掌握與無從管理。因此時間管理並不是指以時間為對象而進行管理，而是指面對時間的來臨與消失的這種無從改變與無可奈何的事實，如何自我管理。也就是說，時間管理就是自我管理。

所謂自我管理，是改變習慣令自己更富績效。督導師的一些習慣通常都不利於績效的發揮，因此為了提升個人績效，勢必要改變現有的一些習慣。時間，既不能增加又不能儲存，個人的成就只能靠自己持續而執著地利用時間才能達成。節省時間是有效地規劃並有效地利用時間。

## 1. 選擇目標

　　優秀的督導師一定有明確的人生目標。執意追求明確的個人於事業上的目標、完全發揮生命的意義，須以考慮週詳的生涯規劃為後盾，唯有這樣，在今天的任務及行動與明天的成就及滿足感之間，才可以建立起直接關係。只有那些定義規劃過自己目標的人，才能在忙碌的日常生活、繁重的工作壓力下持總體觀並設立正確的優先順序，知道如何有效地運用能力，迅速又有效地達成願望。有清晰的目標並追求，督導師就能將潛能在實際行動上發揮出來，自我鼓勵與自我規律。目標有助於將力量彙聚在真正的重點上，問題不在於做什麼事而在於為什麼做那些事情。設定目標是時間管理成功的先決條件與秘訣。

## 2. 專心投入

　　督導師要做的事情很多，但常缺少足夠的時間。這可能會給督導師形成巨大的壓力。假如沒有時間去做所有的事情，那麼如何決定什麼任務重要應該先做呢？一些督導師為了完成餐館所賦予的工作就拼命加班；另外一些督導師則退出去做一些容易的工作，覺得作為一個督導師用不著去自討苦吃；還有一些督導師試圖避開問題的總體，拘泥於一些細節，只關注工作到了那一步？對別人吹毛求疵，對自己不能完成全部任務則總是找一些藉口。較好的解決辦法是把手頭所有的工作清理一下。

　　所有事情都可以用緊急和重要性來區分，分為：重要又緊急、重要但不緊急、緊急但不重要、不重要也不緊急。對時間有限的督導師來說，通常專家會建議用 60% 的時間按部就班有計劃、長期去做一些有遠見、自己喜歡「重要但不緊急」的工作，剩下 40% 的時間平均去做其他的事或是處理突發狀況。為了讓心理上做好採取行動的

準備，應該以持續不斷計劃作為基本原則，直到完成為止。要專心達成的目標。在目標尚未達成之前，督導師的心絕不能飛到別處。如果能專心一意去達成目標、有始有終、日積月累，終必成功。

### 3.事前計劃

督導師在工作時，若眼前茫茫然，想到什麼就做什麼，就絕對不會獲得好結果，擬訂明確的計劃，按部就班一項一項達成目標，願望就可以逐步實現。週密的計劃和細心的思考，可以使每天的生活充實而豐富。養成照計劃行事的習慣，從容安排每一件事情，儘量排除緊張和餘興的情緒，則必定精神煥發、體力充沛。訂定書面計劃在工作上有自我激勵的心理作用。朝向目標，處理日常事務，而且堅持遵循日程表行事。借此，減少分心而執著，比無法計劃的人更快地完成手頭上的工作。通過每日計劃，督導師可以更準確預估時間需要與干擾時間，為預期外的事，訂出合理的緩衝時間，如此可達到更高的成就。

另一種有效利用時間的方法是，在前一天下班後或這一天上班前仔細考慮一下這一天究竟要做些什麼，那些事情應優先去考慮。可以提這樣一個問題：「假如今天不能完成這些特定的任務，我的工作或者同事的工作會不會受影響？從大方面來說，我的家庭會不會受影響？」如果能給予肯定的回答，那麼表明這些任務比其他任務更重要，必須先做，督導師還可以通過適當的授權來節約時間。

對於工作太多，時間不夠用這個問題，一些督導師錯誤的處理方法就是做快一些，做久一些。做快一些的結果是工作忙中有錯，欲速則不達，品質降低，影響情緒。做久一些則個人精神疲乏、反應遲鈍、判斷力減低、減少私人生活。做快一些及做久一些的方法，永遠沒有長期計劃，只有短期目標。正確地規劃時間，千萬不要等

明天，明日複明日，明日何其多。今日事今日畢，千萬不要等到雜事都做完。凡事有捨才有得，應衡量取捨之間。也就是必須做的事，馬上去做，不要延遲而且光是嘴巴說說無用，要真正動手去做，心靈才會跟著啟動，也唯有開始做，工作才會完成。

## 三、督導師節省時間的方法

　　請督導師將下面的「督導管理日記」複印或列印 10 份，連續 10 天進行，詳細填寫，每到 1 個小時，停下手中的事，做記錄。

表 13-1　督導管理日記

姓名：＿＿＿＿＿＿＿＿＿　　　部門：＿＿＿＿＿＿＿＿
日期：＿＿＿＿＿＿＿＿＿　　　星期：＿＿＿＿＿＿＿＿

| 時間 | 時間範圍 | 準確時間 | 活動描述 | 評註更好的時間分配法 |
|---|---|---|---|---|
| 7：00 | | | | |
| 8：00 | | | | |
| 9：00 | | | | |
| 10：00 | | | | |
| 11：00 | | | | |
| 12：00 | | | | |
| 13：00 | | | | |
| 14：00 | | | | |
| 15：00 | | | | |
| 16：00 | | | | |
| 17：00 | | | | |
| 18：00 | | | | |
| 19：00 | | | | |
| 20：00 | | | | |
| 21：00 | | | | |
| 22：00 | | | | |
| 23：00 | | | | |
| 0：00 | | | | |

## 1.每天時間分析

請督導師將以下表格複印或列印 10 份，在接下來的 10 天裏每天工作結束後回答問題，答案要儘量詳細一些。具體寫出督導師將怎樣更好地安排一天的時間。

表 13-2　每天時間分析表

| 1 | 今天做了什麼，為什麼 |
| 2 | 今天做錯了什麼，為什麼 |
| 3 | 何時著手於最首要的任務的，為什麼 |
| 4 | 在工作時間表中發現了什麼模式 |
| 5 | 一天中何時效率最高，何時最低 |
| 6 | 今天最耗費時間的三件事是什麼 |
| 7 | 那件事需要花更多的時間 |
| 8 | 明天會怎樣更有效地分配時間 |

## 2.找出浪費時間的事情

一些徒勞無功的行為活動是很普遍的，督導師確認後兩項的次數並累加，看看自己屬於那種情況。

表 13-3　不良行為自檢表

|  |  | 從沒有 | 有時有 | 經常有 |
|---|---|---|---|---|
| 1 | 把次要的工作放在前面 |  |  |  |
| 2 | 沒有仔細考慮就開始工作 |  |  |  |
| 3 | 做事半途而廢 |  |  |  |
| 4 | 去做那些本來可以交由員工去做的事 |  |  |  |
| 5 | 做那些可以由技術設備代替的工作 |  |  |  |
| 6 | 做職責範圍外的工作 |  |  |  |
| 7 | 做過多繁雜的記錄 |  |  |  |
| 8 | 管理太廣泛的業務 |  |  |  |
| 9 | 無法讓自己的談話順利進行 |  |  |  |
| 10 | 允許協商或談論時離題 |  |  |  |
| 11 | 不必要的會議、參觀、訪問、通話 |  |  |  |
| 12 | 太過注意細節 |  |  |  |
| 13 | 社交活動佔用時間過多 |  |  |  |

## 3.制訂每週和每天工作計劃

### (1)每週工作計劃

為使有效率地使用時間成為一種規律，督導師必須每天進行實踐活動，也要學會組織每一天每一週計劃，並用各種活動來充實自己。

如果督導師提前在週末計劃下一週的時間安排，工作表會提高工作效率。使用優先工作表來確定督導師必須在一週內實現的五個目標，在表格上記錄下來，然後寫出達到這些目標所需的活動。

### 表 13-4 督導管理每週工作計劃

| | | | |
|---|---|---|---|
| \_\_\_\_年\_\_月\_\_日至\_\_月\_\_日 第\_\_週 部門_____ 督導師_____ | | | |
| 提要 | | | |
| 時間 | 達到目標所需活動 | 優先考慮的事情 | 所需時間 |
| 星期一 | | | |
| 星期二 | | | |
| 星期三 | | | |
| 星期四 | | | |
| 星期五 | | | |
| 星期六 | | | |
| 星期日 | | | |

(2)制訂時間分配和行動計劃

督導師選擇能夠提高效率的領域。對員工進行優先考慮，並首先選擇重要的事情去做。

· 本人將要使用那一種重點時間管理方法？
· 有什麼潛在障礙需要克服？
· 試想這些活動的收效是什麼？
· 本人如何全力以赴實現這些計劃？
· 活動的目標是什麼？
· 如何在活動中吸取經驗？
· 怎樣以及何時來判定自己的成功？
· 為什麼不得不放棄這種行為變化？

⑶制定每天的工作日程安排

如果督導師合理地把優先考慮的工作安排到每天的工作當中，其條理性和生產效率將會提高。安排每天工作最好的方法是使用督導師的工作日程表。

把第二天的工作在前一天制定出來，列出主要活動。最重要的是開始對每個活動制定具體時間以及希望達到的效果。

每天使用工作日程，是為了達到督導師的日常目標，有規律地對當前工作進行計劃。結束一天工作後，保存工作日程表，以備下次參考。

表 13-5　督導管理工作日程

日期：＿＿＿年＿月＿日　星期＿＿＿　部門＿＿＿＿＿　督導師＿＿＿＿＿

| 事項 | 優先順序別 | 所需時間 | 完成情況 | 時間安排事項 | |
|---|---|---|---|---|---|
| | | | | 7：00 | |
| | | | | 7：30 | |
| | | | | 8：00 | |
| | | | | 8：30 | |
| | | | | 9：00 | |
| | | | | 9：30 | |
| | | | | 10：00 | |
| | | | | 10：30 | |
| | | | | 11：00 | |
| | | | | 11：30 | |
| | | | | 12：00 | |
| | | | | 12：30 | |
| | | | | 13：00 | |
| | | | | 13：30 | |
| | | | | 14：00 | |

| | | | | 14：30 | |
|---|---|---|---|---|---|
| | | | | 15：00 | |
| | | | | 15：30 | |
| | | | | 16：00 | |
| | | | | 16：30 | |
| | | | | 17：00 | |
| | | | | 17：30 | |
| | | | | 18：00 | |
| | | | | 18：30 | |
| | | | | 19：00 | |
| | | | | 19：30 | |
| | | | | 20：00 | |
| | | | | 20：30 | |
| | | | | 21：00 | |
| | | | | 21：30 | |
| | | | | 22：00 | |
| | | | | 22：30 | |
| | | | | 23：00 | |
| | | | | 23：30 | |
| | | | | 0：00 | |
| | | | | 0：30 | |

# 第 *14* 章

# 督導師的執行標準

連鎖業一定要根據企業規範要求,建立嚴格的門店督導標準,利用督導去監督標準的實施,最終提高企業的執行力。

## 一、督導標準的制定原則

多數企業意識到了標準化的重要性,更意識到了各門店在店面形象、商品與服務品質、門店營運、銷售、服務流程等方面要做到類似於麥當勞、肯德基一樣的標準化,但實際上許多連鎖企業在建立了一些標準和規範之後,並沒有去按照要求執行,沒有根據標準和規範建立督導標準,沒有利用督導去監督標準的實施,最終導致連鎖企業失去執行力。因此連鎖企業一定要根據企業規範要求,建立嚴格的門店督導標準,才能實現企業執行力的貫徹。

### 1. 明確性原則

督導標準要明確具體,嚴格按照公司總部要求的運營標準與操作規範制定;

### 2.可操作性原則

督導標準不宜定得過高，應最大限度地符合實際要求；

### 3.相對穩定性原則

督導標準制定後，要保持相對的穩定，不可隨意更改。

# 二、督導執行標準

### 1.門店陳列

(1)客動線的合理性

客動線的規劃有否產生死角及不易進出

(2)門店貨架與商品的擺放

貨架的擺設與商品的陳列是否有利顧客的通行和視線

(3)通道寬度

通道的寬度是否有利於顧客流覽或挑選商品，是否有足夠的空間容納導購向其展示商品

(4)商品的相關陳列

各品類商品是否做好系列相關陳列（上衣與褲子，鞋子與襪子，皮帶與挎包等）

(5)商品構成

門店內不得有非總部配送的商品銷售

(6)商品價格

門店內所有商品必須按照總部規定價格進行銷售，不得自行改變商品價格，不得自行進行商品的促銷

(7)商品的季節性

門店內所有商品均需按照總部規定的商品結構陳列

(8)商品的品牌

每件商品都應有相應的吊牌，不得無吊牌或掛錯吊牌，吊牌位置排放正確

(9)商品的標價牌

高櫃的正掛或側掛第一件服裝及所有模特穿著服裝，都應有標價牌，且價格不得標錯

(10)各類服裝標價牌的位置

正確位置參看公司相關規定

(11)銷售後的商品補充

銷售後的商品只要有庫存，都應及時補充，不得遺漏

(12)所有展示服裝的整燙效果

除疊裝商品外，所有展示在門店的服裝都應經過整燙，且燙後服裝上不得有明顯折皺痕才算合格

(13)所有展示服裝的品質自檢

品質自檢包括線頭、拉鏈、扣子和衣服上的縫接處，陳列出的商品不得有明顯線頭、破洞、開線等

(14)掛裝(包括正掛、側掛)第一件商品的吊牌

高櫃的正掛、側掛第一件服裝的吊牌一律不得外露

## 2.日常衛生狀況

(1)門店所有玻璃、試衣鏡的衛生

應乾淨明亮，不得有明顯灰塵、異物或明顯指紋

(2)門店外 POP 廣告的衛生

POP 廣告乾淨，無破損、放置正確

(3)門口落地櫥窗的衛生

應乾淨透亮，不得有明顯灰塵、異物、蒼蠅或明顯指紋

⑷門店門口及門口附近的衛生

應乾淨乾燥，不得有雜物或影響客人入店的大面積積水

⑸門店各電器、設備的衛生

應乾淨，不得有明顯灰塵

⑹工作間、衛生間、試衣間的衛生

應乾淨無異味，各物品擺放整齊，不得擺設雜亂、有雜物，試衣間風扇不得沾有明顯髒物

⑺中島櫃下的衛生

應乾淨，不得有明顯灰塵和雜物，一週最少清掃一次

⑻收銀台的衛生

應乾淨，不能擺放太多用品，使用率高的才可以放在收銀台上；用品擺放整齊，不得擺設雜亂、不能有明顯灰塵或放置員工私人用品

⑼門店地板的衛生

應乾淨乾燥，不得有線頭、煙頭、包裝袋等雜物或潮濕

⑽櫃台、貨架的衛生

應乾淨，面上及死角不得有明顯灰塵；粘貼宣傳品要用全透明膠布，不得使用其他有 LOGO 的膠布

⑾門店的氣味

應清新乾爽，不得有任何難聞的異昧

⑿門店垃圾桶、煙灰缸的衛生

應及時清理快滿的垃圾桶和煙灰缸，垃圾不得溢出，吸煙的客人一走就要及時清理煙灰缸

⒀展示商品的衛生

應乾淨，不得有任何髒汙，髒汙商品應及時清洗，不得展示

### 3.高櫃的中間展示位

(1)高櫃中間的展示位，如有半身模特的應有兩個展示層

高櫃中間有個半身模特，下面不能沒有展示層

(2)高櫃中間的展示位，如沒有半身模特的應有三個展示層

三個展示層都應陳列商品，不得空著

(3)如有三個展示層，層面問的位置和距離

三個層面之間的距離應均勻，最頂層位於顧客視線的水準線為宜，不得過高

(4)斜陳板上如陳列服裝必須並列陳列兩件

斜陳板不得無商品陳列，或只陳列一件商品，或陳列破舊的書刊

(5)高櫃中間展示層上的疊裝必須使用折疊板

不得不使用公司標準折疊板

(6)高櫃中間展示層上展示的商品風格

應與該櫃的總體風格相近，起到對該櫃有修飾襯托的作用，不得擺放與該櫃風格相反或差距太大的商品

(7)高櫃上掛裝下擺與下掛裝問的距離

距離應保持在 5 釐米為宜，不得超過 8 釐米，也不得太緊

(8)最低層板展示的商品

最低層板應擺放箱包為宜，不得擺放小件皮具或精品

### 4.上衣掛裝

(1)同一掛架的掛鉤朝向

側掛掛鉤方向一律由外向內鉤，正掛掛鉤方向一律由右向左鉤，且同一掛架的掛鉤朝向應統一

(2)側掛掛通上服裝的朝向

服裝正面應迎向顧客較多的走向，且第一件的款式應容易看見

(3)掛通上服裝的數量和間距

應保持間距一致，一個正掛通的商品不得超過 5 件，一個側掛通的商品不得超過 8 件

(4)非兩用領的立領服裝

展示時應將拉鏈全部拉好拉到頂，不能將其領子往下折

(5)非季末時高櫃掛通上的服裝最少數量

正掛不得少於 3 件，側掛不得少於 5 件

## 5.褲類掛裝

(1)褲區同一小單格內的碼數排序

由外到內，號碼由小到大，號碼不得錯亂

(2)正面褲腰線、褲縫中線、側邊褲腰線對齊

應對齊整理整潔，不得雜亂

(3)整個褲區的顏色遞進

在同款式同風格商品擺放在一起展示的基礎上，顏色上應從門店往內、由淺到深遞進，不得雜亂跳躍

## 6.疊裝

(1)疊裝折疊的整齊度

疊裝商品應折包裝陳列，門店灰塵較大的白色服裝可考慮不折包裝；疊裝應折疊整齊，同一疊內形狀一致，不得雜亂

(2)疊和疊的間距

疊與疊應保持均勻間距，間距不得小於 8 釐米，一個層面放幾疊商品視整個層板長度而定，最邊上的疊不得緊靠貨櫃邊緣

⑶中島櫃最高層展示服裝的高度

中導櫃最高層的疊裝面應保持在顧客的視線以下，最高層的服裝數量不得超過 4 件

⑷同一疊服裝的號碼排序

同一疊由上往下號碼由小到大，號碼不得錯亂

⑸同一中島櫃的顏色遞進

在同款式同風格商品擺放在一起展示的基礎上，同一中島櫃顏色上應從同一方向由淺到深、從上到下遞進，不得雜亂跳躍

## 7. 模特櫥窗

⑴櫥窗展示的商品(服裝、皮具等)的吊牌

櫥窗商品的吊牌應隱藏好，一律不得外露

⑵櫥窗模特穿著展示三原則

模特的著裝應遵循系統性、整體性、完整性三原則，整個櫥窗宜協調美觀，模特著裝不得缺少相搭配的皮帶皮鞋

⑶領帶懸掛陳列中領帶長度與陳板的要求

領帶長度應在陳板內，不得超出陳板

## 8. 皮具

⑴鞋子的陳列整齊度

鞋子陳列中應注意朝向、間距、斜度的協調致，不得雜亂，鞋子應靠近貨櫃的邊沿擺放，不能放在鞋櫃較深的位置，頂層的鞋子應架立起陳列

⑵皮包的長肩帶和吊牌要收好

肩帶和吊牌一律應收到皮包裏或包後，不得散放於包外顯得雜亂

(3)擺設的皮具(皮包、皮帶、皮鞋)的標價牌

都要有明顯標價，櫥窗展示的皮具可不用

(4)較大體積的包具應放在較低的位置

如果大包放在高層，小件精品或包放低層，會顯得頭重腳輕

(5)箱包要保持外形挺括

要在包裏多塞些可挺起的報紙或塑膠袋，不能讓箱包顯得不挺或有明顯皺折

(6)大面積金屬的皮帶頭要包裝

應用全透明塑膠包裝好，保持整潔清晰，不得無包裝或包裝破舊

(7)皮帶在環繞展示中的整齊度

皮帶頭應在一條線上，皮帶要往陳列架上收好，並隱藏好吊牌，不得散落或雜亂

## 9.商品庫存情況

(1)商品庫存的安排應遵循就近原則

庫存放置應方便工作，不得隨意擺放，不考慮位置的合理性

(2)商品庫存應遵循分門別類原則

庫存放置應按類別歸類，不得隨意堆積

(3)庫存商品碼數的擺放

應遵循從上到下、從小到大的原則，不得號碼雜亂

(4)過季商品應做好庫存處理

應分類封箱收藏好，做好防蟲衛生等措施，不得隨處堆放

## 10.文件管理

(1)員工出勤記錄的登記

應按出勤時間正確填寫，不得漏簽到或偽造出勤時間

(2)收銀交接表的登記

有收銀交接就應做好交接表的登記，根據實際情況如實填寫；不得有交接而未做登記，或填寫不完整、不真實

(3)新顧客／大單顧客消費表的登記

有新顧客／大單顧客都應及時叫顧客填寫，不得忘記叫顧客填寫或填寫不完整

(4)熟客資料的登記

應按公司要求做好熟客檔案的收集和登記，不得不按要求建立熟客檔案，或不按要求填寫

(5)收銀台電腦的文件管理

應妥善保存公司文件、分類別存檔，並將關於銷售和商品的文件放置於各硬盤的文件夾內，不得將和門店工作有關的一切文件直接放於桌面，前台後台圖示都應改成和銷售無關的名字

(6)庫存文件的管理

貨物進、出庫單等有關單據是否齊全

(7)文件的填寫與提交

嚴格按照公司規定時間完成各類文件的填寫與提交

## 11.其他事項

(1)價簽的正確使用

所有商品上必須使用價簽，並按照規定位置擺放

(2)衣架的正確使用

西裝套裝的上衣及單西裝必須使用有杠衣架，除此兩類服裝外，其他服裝不得使用有杠衣架

(3)門店燈光的規範使用

應根據門店光線的變化正確使用各燈光，保證門店各類商品的

可見度適宜，門店光線不得過暗或自然光線充足時使用過多燈光；射燈的光線應調整至照射在商品上的角度

(4)門店音樂的規範使用

應根據不同客流量、不同營業時間播放適宜的音樂，並注意音量適中，不得播放和顧客所接受風格相差太大的音樂或音量過大

(5)門店電視機的開啟

門店電視機在營業時間都應開啟，並播放有生動畫面健康優雅的碟片，不得不開啟或播放不太健康低俗的畫面

(6)門店裝修、燈具、電器、設備的維護

各種設備應小心使用並經常維護，一有損壞應及時修理，不得有損壞而不修理

(7)收銀台電腦的使用

收銀台電腦只能由門店管理人及收銀員使用，其他員工均不得使用，只能用於門店工作，不得用於私事，更不能流覽網站或下載各類文件，下載文件請用辦公室電腦

(8)收銀台電腦上各類軟件的規範

收銀台電腦只能安裝和門店工作相關的軟件，不得安裝和工作無關的軟件，特別是遊戲和 QQ、MSN 上的聯繫人也應是公司內部人員，不得添加私人朋友

(9)贈品、禮品的陳列規範

各種贈品、禮品的外表無浮塵

### 12.防盜標規範

(1)高櫃掛裝防盜標的使用

應標於服裝同一位置和方向的安全處，不得穿在服裝商標上

⑵掛裝褲類防盜標的使用

應標於褲子上同一位置和方向的安全處，不得穿在褲腰眼上

⑶疊裝褲類防盜標的使用

應標於褲子上同一位置和方向的安全處，不得穿在褲腰眼上

⑷疊裝上衣防盜標的使用

應標於服裝同一位置和方向的安全處，不得穿在服裝商標上

⑸鞋類防盜標的使用

應標於鞋子同一位置和方向的安全處，不得穿在鞋帶上

⑹正裝襪防盜標的使用

應標於服裝同一位置和方向的安全處，不得穿在服裝商標上

⑺皮具類防盜標的使用

應標於皮具同一位置和方向的安全處

⑻小商品防盜標的使用

應標於商品同一位置和方向的安全處

⑼補貨商品防盜標的補充

補貨的商品應及時補上防盜標，不得忘記或漏標

## 13.儀容儀表

→女員工頭髮規範：

⑴頭髮不得漂染過於明顯的顏色

⑵頭髮梳理或定型整齊，不得有太多碎髮，應展現良好的精神
面貌

⑶女員工及肩的頭髮，必須全部盤起

⑷女員工髮不遮臉，劉海長度不能擋住眉毛

⑸女員工需用公司統一髮髻，髮夾顏色必須為深色

→男員工頭髮規範：

⑴頭髮不得漂染過於明顯的顏色

⑵頭髮梳理或定型整齊，不得有太多碎髮，應展現良好的精神面貌

⑶男員工髮不遮臉，邊不過耳，後不及領，不得燙髮，不得光頭

→女員工化妝要求：

⑴女員工適當修飾面部，化淡妝

男員工的面部的清潔：

⑵男員工保持面部的清潔

→女員工的著裝要求：

⑴工作時間在門店必須穿著公司規定制服

⑵女員工的春、夏、秋、冬各季的制服注意穿著搭配的正確方法

⑶制服保持整潔筆挺，紐扣無掉漏

⑷制服的穿著方法和款式應統一一致，不得一個店裏有幾個季節的制服混雜

⑸女員工著夏裝襯衣時，領口只能鬆開第一粒扣子，衣領不得敞開太大

⑹女員工著春秋裝襯衣時，佩戴好領花，並扣好全部扣子

⑺長袖襯衣的袖口必須放下並扣好扣子，在門店不得捲起

⑻女員工上班時間必須佩戴工牌，並整齊佩戴在左胸的偏上方

⑼穿著暗色端莊的皮鞋，女員工不得穿著露腳趾的涼鞋，制服不得搭配運動鞋

⑽鞋面鞋幫保持乾淨無損壞

⑾女員工著裙裝時需穿著接近膚色的透明連褲襪，不得不穿襪子

⑿女員工著褲裝和淺口皮鞋時，需穿著接近膚色的絲襪，不得不穿襪子或穿棉襪，更不得穿網襪或船襪

→男員工的著裝要求：

⑴工作時間在門店必須穿著公司規定制服

⑵制服的穿著方法和款式應統一一致，不得一個店裏有幾個季節的制服混雜

⑶制服保持整潔筆挺，紐扣無掉漏

⑷長袖襯衣的袖口必須放下並扣好扣子，在門店不得捲起

⑸男員工的制服襯衣下擺應塞進褲頭裏並整理整齊，不得放在褲頭外

⑹男員工不著外套的情況下仍需佩戴好領帶

⑺男員工需穿著暗色棉襪，不得穿著淺色襪子或不穿襪子

⑻穿著暗色端莊的皮鞋，制服不得搭配運動鞋

⑼鞋面鞋幫保持乾淨無損壞

→穿著配飾要求：

⑴指甲修剪整齊，保持清潔無黑邊，不塗鮮豔的甲油

⑵除手錶和一枚戒指外，不得佩戴其他任何飾物

## 14.服務形象規範

→員工站立和行走規範：

⑴收銀員在迎送和為顧客收銀時，必須採取站立服務

⑵收銀工作必須遵守收銀操作流程規範

⑶在門店時雙手不得叉腰或交叉在胸前

⑷站立時不得有塌腰，晃動身體，玩弄東西，靠牆等儀態

⑸撿東西或為顧客量褲長折褲腳時，需使用正確的下蹲姿勢

⑹行走步伐要輕快穩健，不得拖拖拉拉

→門店迎賓規範：

⑴門店工作人員不得少於四個，包括收銀員

⑵迎送顧客時應面帶微笑行彎身禮，鞠躬 15～30 度

⑶門店的門關著時，有顧客進出時要及時主動地為顧客開門

⑷致迎送詞時聲音清脆響亮，並要發兩至三聲附和

⑸在門店內應時刻保持微笑

⑹當與顧客迎面相遇或目光接觸時，均應點頭微笑問候

⑺顧客進店後，靠近的員工應及時上前接待

→門店待客規範：

⑴遇到顧客有需求時應給予迅速反應並禮貌回應

⑵接待顧客時應禮貌地使用標準服務用語

⑶接待過程中離開顧客，應交代旁邊的同事做好接待上的交接

⑷不可因私事而打擾在接待顧客中的同事

⑸不得一面接待顧客，一面和其他人聊天

⑹接待顧客過程中，不得無故離開顧客或接電話

⑺遞交或接收物品時應雙手呈物，輕拿輕放，動作文雅

⑻休息座有顧客時，都應及時地送上一杯水

⑼指示商品或方向時，手指併攏，不得使用單指

⑽主動為顧客打開試衣間的電源開關

⑾顧客試褲子後，應主動下蹲為顧客整理好過長的褲腳

⑿顧客離店時應做好送客服務，要有送客聲並鞠躬

⒀顧客埋單前應讓顧客檢查商品品質

⒁顧客埋單後應提醒顧客正確的洗滌和保養方法

→其他規範：

⑴上班時間同事間不得使用方言

⑵不得使用粗言穢語

⑶只要有顧客在門店，就算已超出打烊時間也不可關下任何一扇門店的拉門

⑷只要門店有顧客，就算已超出打烊時間也不可有驅趕顧客的言行

### 15.收銀規範

⑴收銀員對收銀機的操作是否標準、熟練

⑵收銀員的收銀操作流程是否規範

⑶收銀員是否熟悉各種商品的價格

⑷收銀員是否按照公司規定對顧客進行商品的二次推銷

### 16.促銷規範

⑴促銷活動時，店面各崗位工作人員是否充足，工作流程是否有條不紊、緊密協作

⑵對促銷方案的理解、準備、實施是否達到連鎖公司統一要求，實現預期的活動目標

⑶嚴格按照公司促銷方案進行宣傳物料的佈置、張貼、使用

⑷照公司規定進行促銷贈品發放，不得不發、少發、濫發

### 17.銷售導購規範

⑴導購對門店商品(當期暢銷品、滯銷品、特賣品、主推品、贈品)應熟記於心，能積極、主動地根據顧客需求進行推銷

⑵導購的商品基礎知識　導購對所銷售商品的賣點、性能、價格等應基本清楚，能在推銷時迅速為顧客做出解答

⑶導購能根據顧客的需求和商品的特性對顧客進行組合推銷並

達成較高的成交率

⑷導購能對進店顧客進行基本的分類判斷並根據顧客分類採取不同的推銷方式

⑸導購應具備較高的銷售激情和工作效率

⑹及時、快速回應客戶的問題，那怕是暫時沒有合理的解決方案，並且不局限在8小時的工作時間內

⑺以各種溝通方式積極影響並促進其他導購的客戶服務意識

⑻在本職範圍內，全力滿足顧客需求，同時關注顧客的額外要求並能及時回饋給上級主管

⑼在自己一定獨立工作範圍內，有能力解決顧客提出的業務問題，用顧客能理解的語言向顧客溝通專業技術

⑽善於總結經驗教訓，制定防範措施，並提醒他人，避免同類問題發生

⑾記錄、覆述並確認自己與他人/顧客溝通的重要資訊

⑿利用顧客在店內停留的一切機會為顧客提供滿意的服務

⒀在銷售過程中不斷向顧客進行公司企業文化的宣傳

⒁嚴格按照公司的積分換禮規定進行禮品的發放

⒂充分理解公司的門店售後服務承諾並在投訴處理中靈活應用

⒃按照公司規定解決顧客投訴，達到理想的顧客滿意度

⒄為顧客提供盡可能的售後服務(刮毛、洗滌、整燙、改褲腳等)

# 三、（案例）如何把自己訓練成為優秀的督導師

## 1. 第一步：明確職責

要成為一名優秀的督導師，就需要瞭解自己的職務描述和自己成功的評判標準。有些餐館會提供成文的職務描述，督導師就要和老闆一起來審議職務描述；如果餐館沒有成文的職務描述，那麼，督導師就要和老闆探討一下自己的職責。督導師想走向正確的方向，所有傑出的表現就開始於對工作職責和輕重緩急的清醒預期，以及明確的績效目標。

- 確保該部門或工作領域，按質、按時地實現既定的目標
- 激勵員工按質、按時地完成工作任務
- 與員工定期進行有效的溝通
- 創造積極的工作環境，以鼓舞士氣、保證工作品質和較高的生產率
- 遵循並執行餐館的人力資源政策和有關的安全規定
- 在餐館內部建立團隊合作精神
- 確保員工擁有完成工作所需的設備和工具
- 按時完成所有必須的日常文案工作和書面報告
- 保持良好的工作氣氛，以促進員工的持續發展
- 完成與自己職位有關的所有職責

## 2. 第二步：角色轉變

當某些員工是自己的朋友時，督導師會感到很尷尬。以下有一些方法將有助於督導師做出正確的決定。

- 請餐館老闆在一次會議上介紹督導師新的職責

- 在會上，督導師表達自己對這份工作的熱愛之情和自我的感受
- 督導師應保持原先和員工相處時的低調，不要裝得過分強硬
- 逐一和員工見面，傾聽和詢問想法，使局面更融洽
- 召開部門或小組會議討論督導師的目標，並幫助員工達到部門的目標
- 觀察員工工作，適時地說明員工解決問題，聽取改進的方式
- 督導師就自己想做的某些改變，詢問員工的想法，徵求員工的意見
- 如果績效良好，減緩變革的引入；如果績效欠佳，加速變革的引入

### 3.第三步：起步策略

仔細閱讀以下方法，為了使這些策略取得最佳效果，督導師需要依靠判斷能力和常識，把這些策略運用到自己的實際工作中去。

①向其他自己所欣賞的督導師進行訪談

督導師只從自己的餐館中選擇一位自己所欣賞的督導師進行訪談，這樣，就能獲得一些不同於自身情況的其他機會。除了督導師所關心的其他問題，還可詢問他們：他們是如何激勵員工的？他們是如何處理問題的？他們是如何保持良好態度的？

②為自己工作範圍制訂書面計劃

在工作計劃裏，督導師應概述與當務之急有關的目標以及接下來的行動步驟。和有關人員共同審議，獲取客觀的回饋；和老闆進行探討，尋求老闆的回饋，並做出適當的調整。

③描述自己所在部門的目標和當務之急

④列舉自己為了成功將採取的五項行動步驟　　時限

⑤在一個月裏力爭和自己的老闆取得會面，以回顧成效，每次時間為 30～60 分鐘。

　　告知老闆自己最新的進展；探討問題和自己的解決方法；從自己的老闆那裏獲得信息。

　　如果老闆並沒有提議這樣的會議，督導師就以積極的態度向他提出要求。創立、分享和改善自己的計劃，將有助於督導師一直保持良好的狀態，並不斷進步。

心得欄

# 第 *15* 章

# 連鎖店區督導的輔導項目

連鎖總部對於分店的營運須加以輔導協助，以利迅速進入穩定經營；督導師是連鎖總部與連鎖店營運之間的橋樑，主要是協助總部管理與控制業務，落實總部的決策規劃，並監督、指導連鎖店的運作。

連鎖體系要經營成功，連鎖總部是否能確實掌控各連鎖店營運，才是關鍵所在。

各地的連鎖店代表著整個連鎖體系與消費者接觸，爲維持經營品質一致性、建立良好企業形象與連鎖聲譽，連鎖總部對於分店的營運須加以輔導協助，以利盡迅速進入穩定經營。

店務的營運以人事管理及商店管理爲執行核心，結合作業流程、商品管理與銷售管理的運作績效，依據會計管理或利潤中心制的數據評估，以達成顧客消費的具體成效。

圖 15-1　分店營業管理

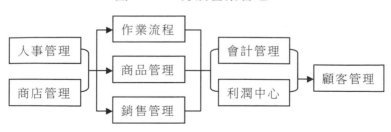

## 一、督導師的任務

　　督導師主要負責督導、協助轄區內的連鎖店開展工作。他應達成的工作任務，是必須不斷給予連鎖店指導，使其職責能最大限度的發揮，其要點包括正確地傳達本部的經營理念、方針、決策事項；明確地做好計劃，致力於各加盟店營業額、利益目標之達成與增長；對於各項目、活動，能保持一貫性持續、具體的指導與落實執行；能正確收集競爭者、商圈動態、顧客情報加以分析、檢討並報告；能對加盟店有效查核，以維持契約的遵守及手冊的運作；能輔導加盟店完成繳交定期的報表以盡其義務；依照本部規定，定期、持續巡訪加盟店；時常發揮其具有自信的領導統御能力；促成相互信賴的人際關係；能以公平、客觀的立場對待加盟店；對加盟店的抱怨、糾紛原因能傾聽，即早下對策解決；對所約定及承諾事項皆必實現；對其問題點甚至個人煩惱，能盡「顧問」的功能來協助建議處理；一再的自我啟發，以具備所需的專門知識與技術；不斷地磨練自己的心志、毅力，投以旺盛的精神與熱誠的展現。

　　督導師是連鎖總部與連鎖店營運之間的橋樑。他主要是協助總部管理與控制業務，落實總部的決策規劃，並監督、指導連鎖店的

運作。一般來說，督導師會隨不同性質的店鋪而在工作職責上有所
不同。如對直營連鎖店，督導師主要是以輔導者的立場來傳達總部
的訊息與政策；對於加盟店，督導師則兼任輔導與顧問的角色。

督導師的管理職務主要下列幾項：

## 1.作爲總部與連鎖店的溝通橋樑，貫徹總部工作

由於連鎖經營常會有區域差異性的問題存在，爲了能使總部的
規劃因地制宜的推行，將制式化的營業手冊，轉爲符合實地操作的
運作；總部受限於時間空間的距離，無法直接掌控各連鎖店的經營
狀況，及應付連鎖店作業的即時需求，而可能造成商機的流失。因
此，督導師作爲總部與連鎖店間的溝通橋梁，其作用顯得至關重要，
它能使總部能掌握各地的經營實況與趨勢，並推動總部的工作。

## 2.全力支援連鎖店

督導師對連鎖店發展過程中出現的問題要及時予以解決，當連
鎖店在遇到經營危機時，督導師可權宜性的根據實際狀況，以其擁
有的資源，給予連鎖店具有時效性的支援，以提升業務及競爭力。

## 3.維護所屬範圍的連鎖店形象

督導師對於所屬分店、連鎖店的執行業務，具有控制監督權。
督導師可視情況需要，每隔幾天便到所屬的門市進行巡察，主要的
工作除可做報表分析外，還針對商品結構、店運作的管理，及調查
其是否對不足之處加以檢討並進行改善，以此提升門市的形象。

若遇有顧客抱怨或提出建議，督導師仍需滙整資料做出分析，
並提出改善方案給相關人員，監督所執行的成果。

## 4.控制與檢查

督導師可以對所提供的產品或服務的品質進行把關。

在巡視各分店時，督導師對滯銷品的清除、產品新鮮度的管理，

及缺貨的及時補足等工作進行監督。還需督促所屬門市負責人對倉庫存貨、賣場商品進行檢查。

## 二、連鎖店督導的輔導項目

連鎖總部對其分店所提供的輔導作業大致可分爲三個方面（如表 15-1）。要想有效輔導或掌控各連鎖分店，要加強對分店的掌控，以維持服務品質及管理一致性，除簽訂契約、派區域督導專員巡查考核店務，舉辦經營講習會與標準操作手冊使用外，總部還與分店進行電腦連線作業、總公司派員分駐單店督導、與供貨商簽訂優先採購權等。總部還可以指派區域督導專員定期經營講習會，發行內部刊物、標準操作手冊等，來協助分店業務的進行。

### 表 15-1　連鎖加盟體系輔導項目

| 經營性輔導管理 | 促銷補助性輔導 | 財務性輔導 |
|---|---|---|
| 1.商品知識訓練 | | |
| 2.修配知識訓練 | 1.廣告活動協助 | |
| 3.市場概況說明 | 2.促銷活動補助 | |
| 4.商情分析提供 | 3.展示櫥窗提供 | 1.會計制度建立 |
| 5.裝潢設計提供 | 4.促銷技術訓練 | 2.記賬方式協訓 |
| 6.招牌裝潢補助 | 5.贈送活動贊助 | 3.稅務講習說明 |
| 7.提供運輸工具 | 6.企業形象建立 | 4.資金借貸支援 |
| 8.經營企業保障 | 7.包裝帶、目錄價目表提供 | |
| 9.災害防治訓練 | 供 | |
| 10.庫存管理協助 | | |

# 三、區督導的輔導項目

區督導對連鎖體系內加盟店的督導與協助，主要可區分為：店長溝通、協調；店的內部管理；店的賣場狀態；店的商品管理；店商圈的溝通等。說明如下：

## (一)與店長溝通、協調

其主要目的是與店長、幹部等，就營運現況或問題進行溝通探討。並依實際需要給予店員說明工作的意義、目的。透過彼此的交流，對輔導改善工作取得共識，助益工作的推展，主要工作要點有：

1. 就工作方式與時間提出說明。

2. 就準備的店資料與店人員探討並提出問題徵詢。

3. 店長說明。包括：店現今營運及作業說明、店需要及計劃展望說明、店人員應用及管理原則、店商圈環境及消費特性說明。

4. 利用時間(如早會)向店人員說明工作的目的與意義，並予其鼓勵。

## (二)店的內部管理——會計作業方面

內部管理的瞭解，主要著重兩大部份。一是會計作業方面，二是內部作業方面。會計作業方面，小組應針對賬項管理、原始憑證、現金管理、預算控制及收銀作業等五項基本會計作業進行瞭解，其中要項茲列舉如下：

### 1. 賬項管理

⑴當日應計之賬，是否於當日記載完畢？有無積壓，補制等延誤的情形？現銷、賒銷及現金之收付是否按日記載？

⑵所製作之傳票是否依各會計科目性質，分別登記入賬？傳票

是否有會計及主管的簽章？

⑶每月過賬後，是否將各科目賬之借貸雙方各作一計，並將差額數登記在餘額欄內？

⑷各項科目之運用是否適當並符合規定？科目別之分類是否歸列正確？

⑸金額重大異動之科目，察明是否使用合理？

### 2.原始憑證(計賬憑證)

⑴原始憑證是否齊全完整？除調整、沖轉、轉賬或結轉入次期賬目者外，其餘皆應將憑證釘附於傳票後或另依序轉釘成冊。

⑵原始憑證是否正確有效？內容是否正確，以公司為擡頭，且仍屬有效期間？是否經有關人員或主管簽章？已報銷之憑證是否依規定加蓋戳記或編號。

### 3.現金管理

⑴營收是否每日確實點收？並核對盤損，盤盈金額是否符合？

⑵是否每星期一次確實實施現金(零用金)盤點？

⑶每日營收額是否隔天辦理銀行存款，滙入總公司收款專戶？

⑷銀行存摺餘額是否與分類賬中之銀行存款餘額相符？

⑸現金賬的餘額是否與零用金相符？

⑹每月留置店內之現金是否有效控制或超額的現象？

### 4.預算控制

⑴各項費用的使用是否編列科目及預算？

⑵費用的使用情形？有否異常處？

### 5.收銀作業

⑴每日收銀工作是否由被指派人負責？其操作熟練度如何？

⑵收銀員的待客、接客、送客等工作態度如何？

⑶收銀員的結賬，包裝等動作是否熟練迅速？

⑷每筆交易是否正確輸入？金錢收授是否清楚？是否將每筆交易發票交給顧客？

⑸較大金額之盤損或盤盈時的處理方式？

## (三)店的內部管理——內部作業方面

內部管理的第二部份——內部作業方面，主要是針對店內各項作業的傳達與執行，分類與歸檔的情形，茲列舉評核要點如下：

⑴各項作業的分類歸檔工作是否完整清楚？(以示對作業的負責與重視)

⑵各項作業執行後是否有各相關人員或主管的簽署，以示負責並利於將來追蹤。

⑶店內作業傳達及執行情形如何？執行後的成果驗收如何？

⑷店內的電腦作業(廠商進貨、互撥、退廠、退倉、調整)是否由專人負責？是否落實櫃台化的操作？

⑸各項輸出及輸入單據，有無專人及主管簽章並收集歸檔？

## (四)店的賣場狀態

在賣場方面，我們主要以人員的作業情形，顧客入店的行動路線，及整體商品的規劃狀況作為評估檢核的要點，其內容主要分為三大部份：

### 1. 人員作業方面

⑴營業員的服務態度如何？是否親切熱忱？

⑵營業員服務儀容？是否符合規定？是否整齊乾淨？

⑶營業員在賣場上的言談舉止如何？

⑷營業員的商品陳列技巧如何？

⑸營業員在賣場上是否能夠互相支援照應？動作是否迅速？

(6)營業員是否經常面帶微笑，神情愉快，使顧客產生易於親近與信賴的感覺？

(7)營業員能否善用各種基本接待用語？以愉悅的語調、態度與顧客應對？

(8)營業員對商品知識的瞭解與應用的情形如何？（如商品特色、使用方法、價值性的介紹及相關品或替代品解說等）

(9)營業員對區域內的商品掌握與工作流程的熟悉度如何？

(10)店面尖峰時間人員調度配置的情形如何？

(11)各項職務代理人設置的瞭解？（包括店長、組長、會計及休假的營業員等）

(12)人員組織氣候的瞭解？

(13)打烊時間工作情形的瞭解？（包括打烊送賓、清潔整理工作、補貨、安全檢視、及收銀機的結賬情形等。）

### 2. 顧客動線方面

(1)通道的寬度，是否方便顧客挑選商品或通行瀏覽？

(2)貨架的高低與商品陳列擺置的情形，是否影響了顧客的通行與視線？

(3)通道地板情形如何？有否商品阻礙或地板破損的情況？

(4)通道的指引及 POP 海報等美工佈置，是否達到對顧客的誘導性及在區域內的巡迴性？

(5)動線的規劃是否造成人潮不易進入的不妥情形？

(6)有否善加利用動線的規劃以活絡賣場的人潮氣氛？

### 3. 賣場規劃

(1)相關性的各種商品，是否作好系列的分類陳列？

(2)入店顧客的視野是否良好？能否馬上看清楚各販賣商品的擺

置位置？

(3)商品的陳列能否配合賣場區域狀態，做適當的規劃，以方便顧客的選購與拿放？

(4)陳列架的形狀，大小及排列方式上與商品的配置效果如何？

(5)賣場的背景音樂，音量播放的效果如何？

(6)賣場上的燈光照明效果如何？

(7)賣場上的美工物製作，POP 佈置在整體氣氛的塑造上的效果如何？

(8)商品的展示陳列效果，能否激發顧客的購買慾？

(9)賣場上的商品分隔及標示，其效果如何？

(10)展示櫥窗的利用與生活演示，能否將樓面的商品對顧客作一提示與吸引的目的？

(11)賣場上的走道與樓梯是否適宜？

(12)收銀台的位置是否適宜？

## (五)店的商品管理

針對店的商品管理瞭解，我們由店的倉儲作業及商品控制兩方面進行檢核評估。

### 1. 倉儲作業

(1)商品庫存整理度的瞭解？（上架是否歸類整齊？倉庫是否清潔整齊？）

(2)後方管理與前方賣場配合度的瞭解？（如人員取貨是否方便迅速？庫存商品是否充分展售？）

(3)進、撥貨及退廠、退倉等實際作業情形的瞭解？（是否確實點收？單據的輸入查核是否確實詳細？工作的進行是否爭取時效？負責人員是否確實簽署以備追蹤？）

⑷不良品、送修品處理作業的瞭解？（能否以公司的利潤爲前提，做最完善的處理？送修過程中能否主動追蹤，以給顧客滿意的服務？）

⑸商品管理員工作態度與技能的瞭解？（對工作的投入，與店長的配合度？作業方式的熟悉度？）

⑹倉儲空間的利用度如何？

⑺暢銷品、滯銷品訊息的提供與配合如何？

## 2.商品力方面

⑴商品結構比率的瞭解？何爲暢銷品、滯銷品？

⑵對商品控制實施情形如何？暢銷品如何處理？

⑶商品與商圈內之消費形態及競爭力的瞭解？該加強或取捨的研判？

⑷門市樓別商品配置的瞭解？（是否適合當地消費習性？能吸引消費者而提高銷售力？）

## (六)店的商圈

⑴人潮的流動方向如何？通行量的情形如何？

⑵人潮中，年齡及性別之人口結構如何？

⑶入店客人的年齡層及職業別的大致分類？

⑷店與鄰近主要商店街地理位置的關係？

⑸店鄰近交通狀況如何？來店是否方便？

⑹商圈內競爭店的情形如何？對店的營運影響如何？

⑺商圈內特殊的人文、風俗與消費習性的瞭解？

⑻入店客層的特性與銷售商品的結構評估？

⑼商圈環境的變遷對店營運的影響評估？

⑽商圈未來的發展展望或重要演變？

## 表 15-2　輔導工作時間編配表

| 要項 | 內容 | 時間 | 工　作　要　點 |
|---|---|---|---|
| 溝通管理 | 店長溝通 | | 1. 就工作方式、時間與目的說明 |
| | | | 2. 就準備之店資料與店研討及徵詢 |
| | | | 3. 店長報告說明：<br>　a. 店現今營運及作業狀況<br>　b. 店長之經營理念及管理原則<br>　c. 店現今營運問題點的說明<br>　d. 店商圈環境及消費特性的說明<br>　e. 店之未來計劃與展望 |
| 內部管理 | 會計作業 | | 1. 賬項管理　　　　　2. 原始憑證 |
| | | | 3. 現金管理　　　　　4. 預算控制 |
| | | | 5. 收銀作業 |
| | 內部作業 | | 1. 作業布達執行及歸檔作業的瞭解 |
| | | | 2. 各項電腦作業及責任歸屬的瞭解 |
| 賣場管理 | 人員作業 | | 1. 人員工作作業的瞭解：<br>　⑴銷售技巧<br>　⑵工作動線及銷售動線的瞭解<br>　⑶人員賣場活動狀況的瞭解 |
| | 顧客動線 | | 1. 入店顧客消費動線的瞭解 |
| | | | 2. 動線引導及死角產生的狀況瞭解 |
| | | | 3. 動線規劃對顧客選購方便性的瞭解 |
| | | | 4. 入店顧客消費形態與動線規劃的比較 |
| | 賣場現況 | | 1. 整體或局部燈光照明效果的瞭解 |
| | | | 2. 賣場區隔、走道與樓梯等狀況 |
| | | | 3. 貨架與商品配置及標示等效果的瞭解 |
| | | | 4. 賣場背景音樂效果的瞭解 |
| | | | 5. 整體氣氛及 POP，美工效果的瞭解 |
| | | | 6. 門面櫥窗與收銀台位置效果的瞭解 |

續表

| 要項 | 內容 | 時間 | 工　作　要　點 |
|---|---|---|---|
| 賣場管理 | 入店 | | 1. 人員入店狀況的瞭解 |
| | | | 2. 店早會實施瞭解及工作簡報 |
| 商品管理 | 倉儲作業 | | 1. 倉庫商品整理情況的瞭解 |
| | | | 2. 各項進貨，互撥，不良品處理等作業的瞭解及其單據歸檔的情形 |
| | | | 3. 與前方賣場配合度的瞭解 |
| | | | 4. 商管員問題的提出與工作態度的瞭解 |
| | 商品力 | | 1. 對商品控制取捨實施情形的瞭解 |
| | | | 2. 銷售商品、主力商品與商圈的消費形態，競爭力的瞭解 |
| | | | 3. 樓別商品配置相關性及適宜性的瞭解 |
| | | | 4. 商品陳列與展示技巧的瞭解 |
| | | | 5. 暢銷品的網羅與滯銷品處理的瞭解 |
| 整理 | 工作整理 | | 1. 當日工作情形報告與問題溝通 |
| | | | 2. 店營業結束作業的情形瞭解 |
| | 入店 | | 1. 早會實施概況的瞭解 |
| | | | 2. 「人員組織協調」調查表的填寫 |
| 立地特性 | 商圈探討 | | 1. 店立地點的評估 |
| | | | 2. 商圈內人口結構、職業狀況、收入所得、消費能力等概況的瞭解 |
| | | | 3. 商圈內特殊的人文、風氣或消費習性的瞭解 |
| | | | 4. 店附近商圈人潮動向及流量對店的影響評估 |
| | | | 5. 商圈未來發展趨勢，及可能對店營運的影響評估 |
| 工作整理 | | | 1. 駐店結束，工作總整理與檢討報告 |

## 四、區督導的督導頻率

### 1.督導師要巡店——機動性勘察作業

要與店隨時保持聯系，掌握狀況及瞭解問題，因而設立巡店作業。其目的包括對編列對象的改善運作進行觀察或協助，同時亦對一般對象觀察瞭解。

⑴編列改善對象——包括改善後的店及計劃中的對象

改善建議執行一段落之後，得針對店實施的情形或效益進行評估或輔助工作，以便協助其克服在實施過程中所遇到的困難。

⑵一般對象——指未編入改善計劃內的店

此類別的店，則視實際情形或需要，機動性的至店勘察。一方面瞭解店目前的營運情形、人員管理、賣場規劃動態或異常跡象。另一方面則作爲下年度選定對象的可借鑑資料。

### 2.督導師要確認改善——二次輔導工作

「再檢核」工作的安排，時間大約爲輔導店長改善後半年。目的是瞭解加盟店一定期間內的改善績效與成果，主要針對首次的「改善點」進行評估，並把改善前後的同期各項營運績效的數據作比較。如增長金額或增長比率等，作爲具體的參考標準。

部份屬於組織內部或管理方面的問題，其改善狀況則由人員的工作表態、異動情形或賣場的整體陳列展示、清潔整理、氣氛表現及人員訪談所得，作爲瞭解組織改善後的現狀。

再檢查工作，時間或次數的安排依實際需要而定，即由店的改善狀況來取捨。其成果的表現，不僅代表了店的進步，亦可作爲輔導工作績效的考核，同時也是工作方式的修正與經驗的累積。

## 表 15-3　督導頻率一覽表

| 連鎖別 | 人數 | 督導頻率 | 工作內容 |
|---|---|---|---|
| 7-ELEVEN | － | 2~3 次/週 | 1.訂貨的技巧<br>2.顧客服務<br>3.商品結構<br>4.情報分析<br>5.資訊的收集<br>6.人力資源<br>7.商店形象<br>8.經營規範 |
| 統一麵包加盟店 | － | 1~2 次/週 | 1.協助店業務提升及競爭應對<br>2.改善商品結構以提升商品力<br>3.店運作之管理及檢查改善<br>4.公司政策之推動及指導<br>5.店主家庭之 PR 關係建立 |
| 全家便利商店 | － | 2 次/週以上 | － |
| 萊爾富便利商店 | － | 2 次/月 | 店鋪輔導 |
| OK 便利商店 | － | 1~3 次/週 | 輔導 |
| 翁財記便利商店 | － | 2 次/週以上 | 1.與加盟店之溝通<br>2.店鋪經營輔導<br>3.按月結賬 |
| 福客多商店 | － | 2 次/週以上 | 協助及輔導門市營運及管理 |
| 新東陽便利店 | － | 1 次/週 | 1.輔導<br>2.溝通 |
| 司邁特便利商店 | － | 1 次/週 | 溝通 |
| 掬水軒便利店 | － | A 級店：2 次/週<br>B 級店：1 次/週 | 1.總部宣達執行<br>2.加盟店業務輔導問題解決<br>3.加盟店各項反應訊息回報 |

註：上述資料因爲作者收集資料時間緣故，已有改變，此處僅供參考。

督導在收到總部所發下的命令及業務政策後，將其推選到各店並給各分店指示與輔導，然後滙集各分店門市所反應的問題進行溝通與協調，接著再將各分店所作的反應與訊息，滙報於總部相關單位，以利於總部進行修正檢討工作。這一切工作的完成，需要區督導以定期的訪問各分店，並做到確實溝通。

## 五、督導的輔導作業模式

### 1. 工作計劃的排定說明

經由開會研討決議，以發生持續虧損或績效異常退步的店，作爲訂定輔導改善對象的依據，再配合年度中重要活動的實施，依店情況的輕重排定順序並安排改善的輔導時間。

### 2. 內容

工作計劃表排定的包括有：

⑴輔導的資料準備時間；

⑵實際輔導時間；

⑶輔導後資料整理及改善建議研擬時間；

⑷輔導改善工作報告的提呈時間；

⑸改善後檢核及再輔導時間。

### 3. 輔導前資料收集準備

在對一家店進行評估與輔導改善之前，需事前就有關的店基本資料加以收集準備，以便對店的營運績效及結構有一初步的認識與瞭解，並作爲檢核的依據與店溝通的資料。

資料收集準備方面，大致分爲兩大部份：

⑴店的營運數字資料。

⑵店的人事組織資料。

茲說明如下：

店的營運數字資料方面，乃泛指店歷年來的營業績效及商品部門績效而言，包括：

⑴年度營業績效實況。

⑵商品部門績效排行榜。

⑶年度各樓層銷售績效及坪效。

⑷同期各樓層銷售績效及坪效。

⑸店立地商圈平面圖。

⑹商品配置平面圖。

店的人事組織資料，則包括有：

⑴人員組織配置表。（現今狀況）

⑵各月份人員異動概況。

⑶人員組織情況調查表。

### 4.與店主溝通協調

⑴瞭解經營者的經營理念、方針、想法、心態

⑵瞭解經營者的真正需求

⑶瞭解經營者講的和想的是否相同

### 5.整理資料

⑴企業組織圖及各單位功能、職掌

⑵作業流程

⑶使用單據與報表

### 6.現狀分析

⑴現況把握的分析與診斷工作之準備

⑵觀察、發掘、整理、條列問題點

⑶以魚骨圖為分析工具，作問題點之要因分析

⑷提出改善點

⑸檢計與評估

⑹提出建議方案

## 7.區督導的輔導範圍與項目

區督導對加盟店的輔導項目繁多，如下表：

### 表 15-4　輔導項目表

| ◎基本經營概念 | ◎財務會計 |
|---|---|
| ・經營者 | ・會計制度 |
| ・經營戰略 | ・財務教理 |
| ・經營計劃 | ・利益及費用收益管理 |
| ・企業文化 | ・財務結構 |
| ・地理位置條件 | ・資金調度及應用 |
| ◎商品政策 | ・利益計劃及損益平衡點 |
| ・商品計劃 | ・設備投資 |
| ・商品開發 | ◎人事組織 |
| ◎進貨採購 | ・人事方針及組織 |
| ・進貨基本方針 | ・僱用 |
| ・進貨管理制度 | ・升遷、調動 |
| ・進貨實務 | ・薪津 |
| ・商品管理 | ・人才培育 |
| ◎銷售營業 | ・安全衛生 |
| ・行銷計劃 | ・福利 |
| ・銷售管理 | ◎資訊電腦 |

# 六、督導人員巡視店鋪評核標準

## 1.銷售服務

⑴售貨員是否跟顧客打招呼。對每一個經過身邊的客人，他們也應該跟他打招呼，不論他是否購買貨品。

⑵他們打招呼的態度是否友善及主動。笑容是否很勉強，站在店內是否像沈思，是否聊天……

⑶售貨員有沒有在適當的時間向客人介紹貨品，或是客人選購了貨品後，有沒有嘗試再向其推銷其他貨品。

⑷收銀員接待客人是否禮貌。必須雙手接過客人的錢，找回零錢或送上商品時，必須雙手送上及道謝。

⑸收銀員完成交易的速度是否表現出專業的態度，對店內的電腦操作是否熟練。

## 2.售貨員儀容、店鋪整潔

⑴所有店鋪職員是否根據公司的規定穿上指定的服飾，他們的衣服、頭飾是否整潔，有沒有塗上口紅，長頭髮的應把它束起來。

⑵店內各處是否整潔(包括貨場、收銀櫃台、試衣間等，有沒有按時清理店鋪)？

⑶店內陳列的貨品是否開始出現汙漬或破損。

⑷貨場內燈飾、裝修是否損壞，是否需要馬上修理。

## 3.貨品陳列

⑴貨場內各項擺設是否按照公司的要求？層板貨物數量是否足夠，疊得整齊嗎？掛裝衣服是否已經扣上所有的鈕扣，衣架及貨物的方向是否一致？

⑵櫥窗以及鋪內陳設貨品是否定期更換？

⑶貨品擺設陳列方面是否按照公司的要求做的？

⑷顏色是否根據規定由淺到深的方式排列（按個別情況來定，應先查詢店長擺設時的概念）？

⑸有沒有做足夠的宣傳？

⑹檢查是否所有顏色貨品已擺出貨場，有沒有遺漏？

### 4.店鋪運作

⑴店鋪員工是否按照工作時間表工作，有沒有私下更改而沒有通知或申請批准的？

⑵個別員工上班情況如何，是否經常遲到，或缺席？

⑶每天銷售金額是否存到銀行，有異常必須報告。

⑷銷售金額跟人手編制有沒有問題，是否出現人手太多或不夠人手的情況。

⑸公司最新的指示，店鋪各員工是否已經清楚明白。

### 5.防止損失

⑴員工離開貨場時，有否知會其他的同事，貨場人手編配是否足夠，每個地方是否有足夠人手。

⑵員工離開貨場時，所有帶出物品均須經過查驗。

⑶轉到其他店鋪的貨品，單據副本是否已經簽回來，數量有沒有問題，貨倉來貨數量或款式有出入時是否已經通知貨倉修改。

⑷除了正門外，店內其他門口，在營業時間內有沒有公司人員進出。

# 七、總部的後援

　　麥當勞公司總部在各方面對店鋪進行無微不至的援助，總部
OM(Operation Manager)的店鋪巡迴主要是為了對店鋪的 Q‧S‧C
水準進行客觀評價，然後根據這個評價找出店鋪的問題點，與店鋪
的店長和經理進行詳細商談，共同探討改善方案。麥當勞總部每年
都要對店鋪進行一次年度等級評判，OM 的這個評價就是等級評判的
依據。

　　OM 一般以一位普通顧客的身份在店裏一邊用餐，一邊進行檢
查，其巡迴的具體方法為：

　　1.由店鋪的店長和經理準備店鋪用的工作表，利用 2 個月時間
對店堂和「導拉依布絲露」(汽車餐廳)的服務水準進行檢查，例如
測定商品的提供時間等。

　　2.完成以上工作後，為了讓 OM 做出評價再進行連續三天的測
定。在麥當勞稱此測定為「摘要(summary)」，必須由 OM 或店長親自
操作。

　　3.根據以上檢查結果找出店鋪存在的問題點，然後為瞭解決問
題點設定「跟蹤」期限。此期限為 1～2 個月，在此期間店鋪邊接受
OM 的指導邊進行教育訓練。

　　4. OM 在店鋪坐陣一天，再次進行檢查，並對改善事項進行重
申。

　　5.再次開展為期 2 星期的第二次「摘要(summary)」測定。

　　6.最終，OM 再次在店鋪坐陣一天，從各個角度對店鋪進行檢查。
主要評價方法為：

⑴店鋪的最終等級評判由第二次的「摘要（summary）」決定，但是總體等級評判則還要將「跟蹤」期限店鋪方面的努力狀況作為考慮因素進行綜合衡量，一般的比例為：

第一次「摘要（summary）」的評價結果（20%）

「跟蹤」期限店鋪方面的努力狀況（50%）

OM 的兩次檢查評價（30%）

⑵對各個部門的有關 Q·S·C 項目的內容是否達到規定標準，由 OM 在表格的要領一欄中進行記錄，再將因此得出的總計分與各部門的評價基準進行對照，做出各部門的評價。

⑶至於服務水準的評價，也要在檢查店鋪水準的同時將其與其他店鋪進行比較，做出客觀的判斷。

心得欄

# 第 *16* 章

# 連鎖餐飲業的督導

　　餐飲業是一種人性化的服務業,服務品質的好壞直接影響到經營效果,而服務品質是由餐館員工創造出來的,所以督導師要對連鎖餐飲員工的服務品質與數量負責,同時也滿足員工的需求,對他們進行激勵和培訓,使產品和服務品質得到保障。

　　連鎖店的督導師,就是對連鎖店的員工進行監督和指導的人。督導師要對連鎖餐飲員工的服務品質與數量負責,同時,也負責滿足員工的需求,使員工人盡其責,使產品和服務品質得到保障。

## 一、連鎖經營督導管理的成功經驗

　　以麥當勞和肯德基為代表的餐館連鎖經營的領先者,更強調「商標、經營技術和店鋪設計」等以知識產權為核心的特許,要管理一個龐大的連鎖王國絕非是一件容易的事。對此,麥當勞自有絕招,麥當勞連鎖體系為了有效管理分散在全世界各地的所有速食連鎖

店，建立了一套有效的中心管制辦法，發展出一套作業程序。總部的訓練部門向每個加盟者傳授這套程序，並保證他們在實踐中嚴格執行。

另外，總部的管制中心必須謹慎地選擇原料供應商，並且將所有食品原料的標準制定得清清楚楚，以供對照執行。其管制中心還經常進行檢查，考核加盟人是否按照這些程序去做，原料供應商是否供應合乎標準，可以說，從創業之始，麥當勞就把精力放在整體規劃、整體營運上了。

麥當勞總部的組織結構及職能主要分為兩個大部門：「加盟店開發與培育部」及「市場行銷和操作部」。而這兩個大部門又分別設立各個職能部門，具體領導各個加盟店。

麥當勞作為世界上最成功的特許經營者之一，讓其引以自豪的是它的特許經營方式、成功的異域高層拓展和國際化經營。在其特許經營的發展歷程中，積累了許多非常寶貴的經驗。

(1)明確的經營理念與規範化管理。這主要是指最能體現麥當勞特點的顧客至上、顧客永遠第一的重要原則。

(2)嚴格的檢查監督制度。麥當勞監督體系有三種檢查制度：一是常規性月考評；二是公司總部檢查；三是抽查。這也是保證麥當勞加盟店符合部門標準，保持品牌形象的保障。

(3)完善的培訓體系。完善的培訓體系，為受許人成功經營麥當勞餐廳、塑造麥當勞品牌統一形象提供了可靠保障。

(4)聯合廣告基金制度。讓加盟店聯合起來，可以籌集到較豐厚的廣告基金，從而加大廣告宣傳力度。

(5)相互制約和共榮共存。這種做法為加盟者各顯神通創造了條件，使各加盟者行銷良策層出不窮，這又為麥當勞品牌價值的提升

立下了汗馬功勞。正是通過在特許行銷中實施上述策略，麥當勞獲取得了巨大的成功，開創了特許行銷的輝煌業績。

連鎖餐館經營的優勢主要有五個方面：

· 經營所需商品由總部統一提供，其投資成本遠遠低於普通經營性投資。

· 能獲得連鎖經營更為規範統一的行銷培訓。

· 享受品牌的知名度和整體廣告宣傳帶來的經營效應。

· 統一的整體店面設計、經營策劃、管理模式，可使分店快速啟動，一經開辦即可獲利。

· 一個知名品牌的連鎖餐館更易取得人的依賴。

## 二、連鎖餐館的督導管理內容

督導師應該記著這樣的話：「信任固然好，監控更重要。」督導管理中可能有不信任的控制，但絕不存在沒有控制的信任。要使餐館員工積極有效地工作，不但要對他們進行激勵和培訓，同時也離不開對他們進行必要的監督與指導，而這項工作就主要是由督導師來完成。

### 1.運營標準

連鎖餐館是在標準化、統一化的環境中運營的。要建立和維護餐館的統一形象與品牌，就應該使餐館各項經營活動都在統一的標準下進行。這裏主要是考察賣場運營標準的制定與合理性等。

督導師在巡場時，應該檢查各餐館的運營標準是否統一，各直營店、加盟店是否對統一的運營標準進行了任意地篡改；員工是否清楚地理解了餐館運營的標準，員工的訓練是否達到預期的目的；

現有的標準流程與商品佈置情況是否存在問題，是否有改進的餘地。

## 2.執行狀態

督導管理不僅要檢查餐館的運營標準的制定以及運行是否合理，更重要的是檢查連鎖餐館運營標準的執行狀態，即連鎖餐館員工是否嚴格遵循這些標準工作，從而與連鎖餐館總目標達成一致。

連鎖餐館員工是否按照標準的作業流程開展工作；連鎖餐館員工的儀容儀表是否符合連鎖餐館的統一標準，員工的心態是否積極；上次遺留問題解決的情況。沒有良好地執行，再好的運營標準也只是一個擺設。

督導管理，不但要對連鎖餐館員工的執行狀態進行監督，還有必要進行指導、培訓，使他們正確地開展工作，同時還要對連鎖餐館員工進行必要的激勵和鼓勵。督導師要善於發現問題，並公正、客觀地描述所發現的問題，把督導結果如實反映給連鎖餐館有關部門，以便連鎖餐館做出及時修正和改善，並為員工訓練提供參考。

# 三、連鎖餐館的督導管理方法

督導師對店員的督導管理內容有了詳細的瞭解之後，對於具體採取什麼樣的督導管理方法也應該引起足夠的重視。一個好的督導管理方法能對員工的督導管理起到事半功倍的效果。一般來說，對員工的督導管理方法主要是日常督導管理和聘用「神秘顧客」兩種。

## 1.日常監督指導

日常督導管理就是督導師各職能部門自己，定期或不定期地對連鎖餐館員工的日常行為和連鎖餐館的日常經營情況進行監督和指導。

　　督導師對連鎖餐館的服務工作進行檢查和督辦，規定頻度的檢查將把重點放在與客人接觸的服務方面，並做好巡檢記錄。服務管理部門組織的專項檢查評定也是對服務過程進行測量和評價的一個重要組成部份。

　　定期的內部品質審核的管理評審將對體系的全面狀態做出評價，其中包括對服務品質的控制、服務品質的效果評價，以及員工工作技能、態度等的評價。

　　這種督導管理方式是一種正式的檢查與交流，督導師可以方便地對連鎖餐館經營的各個方面進行檢查，通過正式的管道獲得相關的數據。當然，當連鎖餐館員工知道有督導師來檢查時，可能會積極表現，做出與平時不一樣的舉動和行為，或者隱藏存在的不利問題，從而也就使得督導管理結果不一定能真實地反映員工的工作行為和狀態。

## 2.聘用「神秘顧客」

　　「神秘顧客」，是指餐館聘請某些顧客以顧客的身份、立場和態度來體驗賣場的服務，從中發現餐館經營中存在的問題。

　　「神秘顧客」的督導管理方法最早是由麥當勞、諾基亞、肯德基、飛利浦等一批國際跨國企業引進為其連鎖分佈服務的。

　　一位速食店總經理認為，他們的速食店設有「神秘顧客」的原因，是為了讓他們客觀地評價餐飲和服務做得是否好，要他們給員工打分，而他們打的分數與速食店員工的獎金等是直接掛鈎的，之所以叫「神秘顧客」，就是因為員工們都不知道那位是「神秘顧客」。

　　「神秘顧客」項目幫助麥當勞管理者和餐廳經理設立對表現傑出員工的鼓勵及獎勵機制。一些市場的回饋顯示這些獎勵機制對於鼓舞員工士氣及對員工的工作表現非常有益。

　　麥當勞採用「神秘顧客」的手段來檢查監督加盟店的產品、服務品質，其效果十分良好。麥當勞的督導師在評估各店面的標準時，也可能會扮成一般客人，在櫃台前買一個漢堡、一包薯條、一杯熱咖啡，然後細緻觀察。任何人都可以申請做神秘顧客，但必須經過麥當勞的考查合格後才能勝任。

　　麥當勞會安排「神秘顧客」，以一個普通消費者的身份到指定的餐廳就餐，通過實地的觀察體驗，瞭解其清潔、服務和管理等各方面的問題，掌握餐廳的實際經營情況，找出漏洞。而且那天「神秘顧客」的餐費、來往的車費全部由麥當勞負擔，然後，「神秘顧客」要將這些所獲的情況整理成報告，遞交給麥當勞的相關部門。麥當勞通過這種花錢買破綻的方法，最大好處就是能及時發現並改進、調整所存在的問題，做到藥到病除，乾淨俐落。

　　「神秘顧客」並不是真正要吃這些食品，而是檢查盤中的東西，然後巡視店內的每個角落，同時，麥當勞也會測定櫃台服務的時間。等到全部的視察過後，「神秘顧客」找到副經理，將剛才看到、視察的結果向副經理反映，說明需要改進的地方，這種麥當勞對平時營業狀態檢查的方法被稱之為管理巡視報告檢查。

　　麥當勞在全世界主要的市場都有被稱之為「神秘顧客」的項目，這項活動旨在從普通顧客的角度來考核麥當勞的食品品質、清潔度以及服務素質的整體表現。神秘顧客項目幫助麥當勞管理者和餐廳經理設立對表現傑出員工的鼓勵及獎勵機制。一些市場的回饋顯示，這些獎勵機制對於鼓舞員工士氣及對員工的工作表現非常有益。

　　由於「神秘顧客」來無影、去無蹤，而且沒有時間規律，這就使連鎖餐館的經理、僱員時時感受到某種壓力，不敢有絲毫懈怠，從而時刻保持飽滿的工作狀態，提高了員工的責任心和服務品質。

　　「神秘顧客」暗訪這種方式之所以能被餐館的管理者所採用，原因就在於「神秘顧客」所觀察到的是服務人員無意識的表現。從心理和行為學角度，人在無意識時的表現是最真實的。

　　「神秘顧客」在消費的同時，也和其他客人一樣，對餐飲產品和服務進行評價，發現的問題與其他客人有同樣的感受。根據上述服務品質的特性，「神秘顧客」彌補了連鎖餐館內部管理過程中的不足，其作用主要體現在以下五個方面。

　　(1)「神秘顧客」的暗訪監督，在與獎懲制度結合以後，帶給連鎖餐館員工無形的壓力，引發員工主動提高自身的業務素質、服務技能和服務態度，促使員工為顧客提供優質的服務，且持續時間較長。

　　(2)「神秘顧客」可以從客人的角度，觀察和思考問題，有利於連鎖餐館更好地認識和改進問題，實現顧客滿意。

　　(3)「神秘顧客」的監督可以加大連鎖餐館的監督管理機制，可以改進員工的服務態度，加強內部管理。

　　(4)「神秘顧客」在與連鎖餐館員工的接觸過程中，可以聽到員工對連鎖餐館和管理者的「不滿聲音」，幫助管理者查找管理工作中的不足，改善員工的工作環境和條件，拉近員工與連鎖餐館和管理者之間的距離，增強連鎖餐館的凝聚力。

　　(5)通過「神秘顧客」發現的問題，系統地分析深層次的原因，能夠提升管理方法，完善管理制度，從而增強競爭力。

　　當然，「神秘顧客」的評估工作只能是從顧客容易著手的方面進行，他們只能通過觀察或者與連鎖餐館員工的簡單溝通來獲得相應的數據，深度挖掘不夠是它的一個缺陷。

　　連鎖餐館應該注意好「神秘顧客」的挑選與培訓，應通過有償

方式加以聘用，並及時給予相應報酬，以保證他們評估工作的真實性、長期性、連續性和穩定性。

由於「神秘顧客」實際上間接地參與了連鎖餐館內部管理，他們被選定以後，應與其簽訂聘用合約，保障雙方的權益，特別是做好相關信息的保密工作。

## 四、加強連鎖餐館的員工督導管理

隨著社會經濟的變化，各式各樣的連鎖餐館如雨後春筍般地產生，然而由於市場發展空間有限，再加上同行業的激烈競爭，眾多餐館猶如巨石底下的青草，很難健康、茁壯地成長。所以，在這樣的市場背景下，如何尋找發展出路便成了要探討的問題。餐館是一種人性化的服務業，服務品質的好壞直接影響到經營效果，而服務品質是由餐館員工創造出來的，所以員工素質的高低也就變成了主宰餐館命運的重要因素。

餐館的技術含量較低，但需要的是一種服務品質，而服務又不是一種專業，難以從人才市場直接獲得專業人才。它需要在餐館內部建立自己的專業訓練系統，通過內部的訓練和教育來提高服務品質。

連鎖餐館運營管理具有單純性、重覆性、簡單化的特點。連鎖餐館管理的難點不是技術、設備和機械，其運營管理的基本點和重點是提高賣場運營管理服務的「質和量」。連鎖餐館運營管理是最直接的人的管理。

連鎖餐館管理是一個作業化管理過程，經營各環節是專業化協作的分工，各崗位上的作業過程是簡單化和單純化的，其特點就決

定了連鎖餐館人力資源及其管理的獨特性。也正是由於這個獨特性，連鎖餐館員工隊伍也常因此出現一些相應的問題。通過對連鎖餐館員工常見問題的分析，可以幫助督導師合理規劃連鎖餐館員工，招聘到合適的員工，並對這些員工進行有效激勵，使其工作熱情與潛能得到最大限度的發揮。

　　連鎖餐館員工的現象，嚴重地影響了連鎖餐館運營效率和服務水準，是值得每個督導師認真分析和努力尋求解決的問題。

# 五、加強對連鎖加盟商的督導管理

　　公司的特許經營方式發展加盟店，但一些餐館老闆卻錯誤地理解這種「加盟店」的含義，以為同樣的店，開得越多越好。

　　其實特許經營是種「一本萬利」的模式，它的「本」不是本錢的「本」，「利」也不是「利潤」的利，而是指一個「基本」的模式，被一萬次地利用，即將一個店鋪的贏利模式無限地複製。例如麥當勞有一個「本」，就有 28000 多店在用這個「本」。

## 1. 對加盟商的監督

　　特許經營是連鎖餐館迅速發展壯大的捷徑，但要防止連鎖餐館不因加盟商的失敗而拖垮，就必須加強對加盟商在生產和經營方面的約束與管理。在特許經營中，餐飲產品品牌的保護和餐館形象的維護至關重要，一旦某一家連鎖店經營失敗便會殃及其他連鎖店的經營。為了避免這一現象的出現，加強對加盟商的監督管理就顯得十分重要。

　　由於加盟商的連鎖店是獨立的實體，特許餐館不能直接對其進行經營管理，所以只能通過制定各項嚴格的標準，並在授權經營合

約中嚴格反映這些標準的途徑，來監督管理特許經營的連鎖店。

麥當勞的各分店都由當地人所有和經營管理，而在餐飲業中維持產品品質和服務水準是其經營成功的關鍵。麥當勞在採取特許連鎖店經營這種戰略開闢分店和實現地域擴張的同時，就特別注意對各連鎖店的管理控制。

如果管理控制不當，使顧客吃不到對味的漢堡或受到不友善的接待，其後果就不僅是這家分店將失去這批顧客及其週圍人光顧的問題，還會波及影響其他分店的生意，乃至損害整個信譽。為此，制定一套全面、週密的控制辦法。

(1)加盟商是分店的所有者

麥當勞主要通過授予特許權的方式來開闢連鎖分店，使購買特許經營權的加盟商在成為店經理人員的同時，也成為該分店的所有者，從而在直接分享利潤的激勵機制中把分店經營得更出色。特許經營使麥當勞在獨特的激勵機制中形成了對其擴展中的業務的強有力控制。麥當勞在出售其特許經營權時非常慎重，總是通過各方面調查瞭解後挑選那些具有卓越經營管理才能的人作為店主，而且事後如發現其能力不符合要求則撤回這一授權。

(2)使作業標準化和規範化

麥當勞還通過詳細的程序、規則和條例規定，使分佈在世界各地的所有麥當勞分店的經營者和員工們都遵循一種標準化、規範化的作業。

在麥當勞，連鎖總部從不給予任何加盟人自由經營商品的權利，更嚴格禁止任意更換經營的品種，或是在操作上自行其道的情況。為避免分散顧客對麥當勞的關注程度，在所有麥當勞的連鎖店的餐廳淨化，窗戶上甚至不准張貼海報，報販也不准進店兜售。

麥當勞對製作漢堡、炸土豆條、招待客人和清理餐桌等工作都事先進行詳實的動作研究，確定各項工作開展的最好方式，然後再編成書面的規定，用以指導各分店管理人員和一般員工的行為。

(3)設立監督機制

為了確保所有特許經營分店都能按統一的要求開展活動，麥當勞總部的管理人員還經常走訪、巡視世界各地的經營店，進行直接的監督和控制。

麥當勞總部的管理人員在一次巡視中發現某家分店自行主張，在店廳裏擺放電視機和其他物品以吸引客人，這種做法因與麥當勞的風格不一致，立即得到了糾正。除了直接控制外，麥當勞還定期對各分店的經營業績進行考評。

麥當勞各分店還要及時提供有關營業額和經營成本、利潤等方面的信息，這樣，總部管理人員就能把握各分店經營的動態和出現的問題，以便商討和採取改進的對策。

(4)獨特的組織文化

麥當勞的再一個控制手段，是在所有經營分店中塑造麥當勞獨特的組織文化，這就是「品質超群，服務優良，清潔衛生，貨真價實」口號所體現的文化價值觀。

麥當勞的共用價值觀建設，不僅在世界各地的分店，在上上下下的員工中進行，而且還將麥當勞的一個主要利益團體——客人也包括進這支建設隊伍中，麥當勞特別重視滿足客人的要求，如為他們的孩子開設遊戲場所、提供快樂餐廳和組織生日聚會等，以形成家庭式的氣氛，這樣既吸引了孩子們，也增強了成年人對麥當勞的忠誠度。

為了約束和監督授權經營的連鎖店，麥當勞在其員工手冊中對

有關食品、促銷、店址的選擇和裝潢、各種工作的方法和步驟等方面都詳細給出了定性或定量的規定。

為了保證這些規定落到實處，麥當勞每年要進行兩次巡廻檢視。對不合格的連鎖店最初予以警告，再不合格就取消其經營資格。

## 2.對加盟商的管理

儘管世界各地的餐飲市場都在不斷變化，儘管不同國家的市場環境存在著極大的差別，但整個麥當勞無論是美國國內的連鎖店還是遍佈世界各地的連鎖店，幾乎都採取了一種高度相同的行銷管理模式，採取一種無視市場差別與變化的以不變應萬變的市場行銷策略。

### (1)產品的標準化

在麥當勞的整個發展過程中，麥當勞向客人提供的食品始終只是漢堡包、炸薯條、冰淇淋和軟飲料等。即便有變化也只是原有基礎上的細微變化。儘管不同國家的消費者在飲食習慣、飲食文化等方面存在著很大的差別，但是麥當勞仍然淡化這種差別，向各國消費者提供著極其相似的產品。

麥當勞對儀器的標準化不僅有定性的規定，而且有著定量的規定，漢堡包的直徑、食品中的脂肪含量、炸薯條的保存時間、土豆的大小與外形等都有規定。這些規定在各地的連鎖店中必須嚴格執行，並且每年會進行兩次嚴格的檢查。

### (2)分銷的標準化

無論是自己經營的連鎖店，還是授權經營的連鎖店，店址的選擇都有著嚴格的規定。例如店址規定：5公里的半徑範圍內有 5 萬以上的居民居住。

後來這一規定被更改了，並規定連鎖店必須建於繁華的商業地

段，諸如大型商場、超市、學校或政府機關旁邊等。這一規定沿襲至今，並且作為選擇被授權人的重要條件之一。不僅如此，所有連鎖店的店面裝飾與店內佈置必須按照相同的標準完成。

(3)促銷的標準化

麥當勞在其整個經營過程中始終都堅持以兒童作為主要促銷對象，其促銷理念是吸引兒童消費就吸引了全家消費，為此，店內有供兒童娛樂的場所和玩具。

其促銷的方式主要是電視廣告，為了使所制定的各項標準能夠在世界各地的連鎖店得到嚴格執行，麥當勞設立了漢堡包大學，以此來培養店長和管理人員。麥當勞還編寫了一本長達 400 頁的員工操作手冊，詳細規定了各項工作的作業方法和步驟，以此來指導世界各地員工的工作。

## 六、連鎖餐館運營障礙與對策

近年來，連鎖餐館發展勢頭強勁，連鎖餐館發展前途被眾人看好，但連鎖餐館在實際運營中卻存在不可忽視的內部經營管理障礙。

### 1. 連鎖餐館運營障礙

(1)規範程度不夠，影響品質穩定。

一些連鎖餐館的產品製作過程及其品質標準實用性不夠，沒得到普遍推廣。產品製作的隨意性很大，成品、半成品科技含量少，缺乏標準化、科學化生產，餐飲產品品質難以穩定。而且連鎖餐館間的組織化程度低，信息相通性弱，對突發事件應急能力差，存在單店小規模經營傾向。

連鎖餐館往往忽視遠景戰略，以致東施效顰，一哄而上。無從

分析競爭對手的產品定位、優勢與劣勢，也不知如何審視本連鎖餐館的機會和威脅。停留在小餐館的小打小鬧上，過分強調競爭，忽略同類連鎖餐館間的相互協作，各連鎖餐館間甚至不惜血本擠掉競爭者。盲目追求連鎖規模，誤以為連鎖餐館規模與贏利能力成正比。同一連鎖餐館之間缺乏共同有效的人員訓練，造成連鎖餐館組織分散，人心渙散，無共同價值觀。

(2)連鎖規模不大，弱化市場競爭。

目前，連鎖餐館中擁有相當數量連鎖店的只是少數，超過 100 家的寥寥無幾，絕大多數在二三十個分店以下，有相當一部份還達不到國際上公認的 14 個連鎖店的規模。而且只停留在國內競爭，有的僅在同一城市徘徊。同時管理還未形成自己的模式，產品無法發揮特色優勢，連鎖餐館缺乏核心競爭力。

(3)品牌意識淡薄，忽視文化行銷。

一些連鎖餐館品牌意識不夠，缺少有效行銷手段和行銷理念。許多同一品牌連鎖餐館的店面設計不同，餐館內部風格各異，服務方式、服務水準更是千差萬別，各自創新，沒有統一的品牌標識和統一的服務標準，難以在客人心中形成一致的文化定位，培養忠誠客人群體。連鎖餐館缺乏獨特性的中餐產品，沒有核心文化，在激烈品牌競爭中往往處於被動地位。

### 2.連鎖餐館運營障礙的對策

面對以上這些障礙，連鎖餐館要順暢運營發展，無論從長遠的品牌意識出發，還是從現實經營效益考慮，都必須革新管理模式，採取強有力的對策。

(1)規範生產，提高品質。

連鎖餐館運營發展應當提升業態，引進高科技，與食品工業進

行垂直聯合,依託現代化食品加工技術進行工業化生產。並需改造作業流程,採用科學化、標準化操作,實行全面品質管理,確保餐飲產品品質穩定並提高其品質。

(2)規模拓展,優化競爭。

連鎖餐館規模競爭是一大趨勢,規模競爭不僅體現在外部連鎖店數量上,而且存在於成品製作流程中,需以降低單位產品的邊際成本為前提。

連鎖餐館成功的關鍵是要創新特色產品,因為只有特色產品才具有吸引客人的魅力,才能造就連鎖餐館核心競爭力。連鎖餐館同時還應逐步實施連鎖餐館組織流程改造,優化連鎖規模競爭。

(3)文化行銷,提升品牌。

連鎖餐館的品牌特別是一些老字號如「全聚德」,本身就是文化,品牌競爭即意味著文化競爭。而今品牌意識和品牌經營是關鍵,因此,連鎖餐館運營必須進行有效的文化行銷。

文化行銷不僅要提升產品品牌,還應造就企業文化。連鎖餐館應長期在餐館老闆、員工、群體、組織、目標、業績、服務、管理模式、創新能力和社會參與性、責任、道德等各方面、各層次提升品牌形象。連鎖餐館要想持久運營立於不敗之地,不僅要吸引客人,而且要造就有持續競爭力的企業文化,從戰略高度拓展連鎖餐館品牌的市場空間。

# 第 *17* 章

## 督導管理辦法

　　為了維護連鎖業品牌形象，加強運營標準管理，規範運作，不斷提高效益，實現連鎖經營的高度統一，必須制定適合的管理辦法，指導連鎖店的經營行為和活動的規範，通過有效的貫徹執行，使企業實現目標。

## 一、餐飲業目標管理考核細則

　　為適應市場競爭的需要，不斷提高效益和社會效益，使餐館逐步走向正規化、規範化，特制定本細則，通過貫徹執行本細則使餐館實現中長遠目標。

　　1.考核辦法

　　⑴各部門均以百分制進行考核。

　　⑵餐館將對生產經營單位進行目標管理。

　　⑶各種考核目標均以年終考核，各類指標分解到月，逐月考核，年終總決算。

　　⑷指標以實際完成為準，其他指標按餐館實際情況結合，不定

期檢查考核情況對目標管理進行考核。

⑸設立考核考評小組，由餐館老闆牽頭，負責目標管理考核。

## 2.考核目標

總考核分為：100 分

⑴目標：佔 35 分。

‧ 營業收入：全年＿＿＿＿＿萬元，其中：

1 月＿＿＿萬元　　2 月＿＿＿萬元　　3 月＿＿＿＿萬元

4 月＿＿＿萬元　　5 月＿＿＿萬元　　6 月＿＿＿＿萬元

7 月＿＿＿萬元　　8 月＿＿＿萬元　　9 月＿＿＿＿萬元

10 月＿＿＿萬元　　11 月＿＿＿萬元　12 月＿＿＿萬元

‧ 毛利率、毛利額：

全年/月綜合毛利率＿＿＿％，毛利額＿＿＿＿

其中：產品毛利率：＿＿＿＿％

經營毛利率：＿＿＿＿％

⑵產品品質目標：佔 15 分。

‧ 每查到一個不合格產品，扣 0.1 分。

‧ 客人投訴一次，扣 2 分。

⑶服務品質目標：佔 15 分。

‧ 客人投訴一次，扣 2 分。

‧ 餐館檢查發現一次服務品質差，扣 0.05 分。

‧ 每月每評上一個優秀服務員，加 2 分；每評上一個星級服務員，加 5 分。

⑷財產管理目標：佔 10 分。

‧ 設備、設施遺失，扣 1 分；非正常損耗，扣 0.5 分。

‧ 餐具、用具遺失，扣 0.5 分；非正常損耗損壞，扣 0.1 分。

· 餐館經營工具損壞、遺失，扣 0.05 分。

⑸安全目標：佔 10 分。

· 發生重大安全事故，扣 10 分。

· 發生一般安全事故，扣 2 分。

· 發生輕微安全事故，扣 0.5 分。

· 上級安全檢查不合格，每次扣 1 分。

⑹衛生目標：佔 15 分。

· 發生重大衛生責任事故，扣 15 分。

· 發生一般食品衛生責任事故，扣 3 分。

· 發生輕微衛生責任事故，扣 1 分。

· 上級檢查衛生不合格，每一次扣 1 分。

· 門前三包綜合評估不合格，扣 1 分。

### 3.獎懲辦法

⑴總考核分達 85 分以上為合格，考核總分在 85 分以下的，每分扣每一責任人 100 元，督導師扣 100 元。

⑵目標考核達 100%為合格。

⑶每超額完成目標達萬元的，給予經營管理成員獎勵 3000 元。並按比例分配。

⑷對第一責任人的考核，應結合其崗位目標考核細則同時給予考評。

⑸經營管理成員均參與考核，並同獎同罰。

## 二、督導管理制度

### 第一章　總則

第一條　為了維護商業連鎖品牌形象，加強商業品牌及運營標準管理，規範終端運作，實現連鎖經營的高度統一，特制定本制度。

第二條　本制度適用於所有連鎖直營店和加盟店。

第三條　本制度所稱督導管理是指監督和指導連鎖店的經營行為和活動的規範，在品牌管理、運營標準、商品管理、終端銷售、售後服務等方面進行指導、規範和監督，並提供必要的支援和服務，督導對象包含所有直營店和加盟店。

### 第二章　督導管理原則

第四條　督導管理以提升各分公司、各區域連鎖店對連鎖運營規範要求的執行能力和執行效果為目標，以監督、指導為主要手段，以扣分或處罰為必要的輔助措施。

### 第三章　督導方式

第五條　督導管理的工作方式可以分為巡店督導、駐店督導、「影子顧客」和第三方督導。

⑴巡店督導：區域督導應視區域內各門店每個階段的工作情況，可安排不定次數、不成規律的突擊檢查和駐店督導。各項綜合運營能力薄弱的門店應給予較多關注，應適當增加每個月的巡店次數或駐店時長。每個月的巡店路線和駐店時間應儘量安排多變、不成規律，檢查方式多樣化，且對自己的巡店計劃內容保密，目的是為了能對門店起到突擊檢查並掌握一線真實情況的作用。

⑵總部督導專員應根據把握公司連鎖網路整體運營行為及運營

活動情況，一般應針對綜合表現突出或業績及管理相對較薄弱的區域或連鎖店進行巡店督導，一方面是能瞭解一線連鎖門店的實際情況，及時給予幫助與支持，總結經驗和教訓，方便以後在整體網路內借鑑；一方面瞭解其區域督導在工作上存在的優點和不足，及時給予肯定或糾正。

⑶駐店督導：區域督導(分部督導師)每個月對區域內的門店進行最少一次的駐店督導，每次駐店的時長可通過每個月整個區域工作的分解來安排。離店後也應與各門店保持工作聯繫，對各門店的工作不斷跟蹤與指導。督導工作不是只有駐店時才能開展。

⑷「影子顧客」：即神秘顧客，是指公司總部聘請的、經過專門培訓的購物者。其以顧客的身份、立場和態度來對連鎖店的服務、業務操作、員工精神面貌、商品品質及門店陳列等方面進行客觀的監督與評估、資訊回饋。「影子顧客」督導一般在表現突出或存在問題的區域或閘店進行，「影子顧客」督導回饋過來的結果由總部督導部統一協調、處理，並及時通知相關部門。

⑸第三方督導：由公司總部聘請的、對連鎖及零售企業有督導經驗的顧問機構，即第三方督導。其對企業的整體運營行為及運營活動進行全方位的診斷，通過第三方的監督與評估把相關企業運營資訊進行匯總、分析並提出整改建議。一般在企業需要升級或進行整改時才請第三方進行督導，第三方督導直接與總部督導部接洽，督導結果直接彙報給總部督導經理，並由督導經理上報公司高層。

## 第四章　督導分類

第六條　以督導的主要內容來劃分，可以分為日常性督導和專題性督導。

⑴日常性督導：就是總部、各分公司及連鎖門店的相關督導人

員對所負責的督導區域、門店進行的日常性工作督導，督導內容按公司規定的督導內容及標準進行。

⑵專題性督導：就是在某一特定時期或者對某一專題內容進行督導行為，一般由總部督導部下發專題督導活動通告，執行計劃與操作標準、督導方式由總部督導部統一規劃、協調、管理與控制。

## 第五章　督導要求與標準

第七條　連鎖運營的規範性要求通過公司內部運營管理手冊、訓練手冊及 DV 教材、網站公佈、提供服務器下載、電子郵件、傳真等方式知會各分公司、區域及連鎖門店；同時各項督導標準與及時通知各相關部門、分公司/區域及連鎖店。

## 第六章　督導人員的責任和權利

第八條　總部、分部督導部人員為督導管理工作的主要執行人，此外由總部督導部臨時授權的其他相關人員亦可承擔督導職責。

第九條　督導人員的主要工作職責

根據連鎖經營的戰略目標及發展規劃，負責監督各分公司、各區域、各門店的運營行為與運營活動是否符合公司要求的標準與規範，並及時提供幫助與指導，對違規或不利行為進行糾正或處罰；同時負責監督總部各部門對連鎖門店服務的針對性、及時性和有效性，調查連鎖門店的滿意度，向對應部門回饋合理化建議；規範和幫助符合企業發展思路的運營行為，提升企業連鎖運營、執行能力，協助企業戰略發展目標的達成。

第十條　督導人員的權利

⑴檢查權：督導人員有權對各連鎖門店經營的規範性、品牌形象的統一性進行定期和不定期檢查。

⑵指導權：督導人員可以根據連鎖店的需求提供運營規範、操

作標準技術上的指導和支援。

⑶督促權：對於連鎖店(加盟客戶)違反特許經營合約約定、違背連鎖運營規範要求等違規行為，督導人員有權督促立即整改，並下達「連鎖店整改督促函」。

⑷扣分/處罰權：對於《連鎖督導標準》中明文規定的違規行為，督導人員有權據此對違規連鎖店或加盟客戶進行扣分或經濟處罰等。

第十一條　督導人員的義務

督導人員有義務對所有連鎖店進行運營操作規範和執行標準上的指導，有責任對先進經驗和運營方法進行總結和推廣。有責任和義務協調各相關部門對連鎖門店提供必需的服務、指導和支援。

## 第七章　罰則

第十二條　督導人員行使處罰權應以公司運營管理制度、《連鎖督導標準》、《特許經營合約》和已經書面明示給連鎖店(包括直營和加盟客戶)的函件、通知或規範性要求，結合現場事實為依據，以及時糾正、快速整改為目的，以公開、公平、透明為原則，做出公正的建議或處罰。

第十三條　對於各連鎖店(含加盟客戶)發生《連鎖督導標準》和《特許經營合約》中的違規行為，督導人員可行使在「駐店督導檢查資訊回饋表」進行扣分或開具「連鎖店檢查處罰單」。

## 第八章　申訴處理

第十四條　在督導的考評過程中，各連鎖店或加盟客戶(包括員工)如認為受到不公平對待或對考評結果感到不滿意，有權於接收「連鎖店檢查處罰單」後三個工作日內以書面形式提出申訴。

被處罰的連鎖店或加盟客戶直接向營運部申訴。申訴材料中須

附能證實行為未違規的充分證據，或明確違規事實的責任不能由其承擔的充分證據，並明確造成違規事實的責任部門或責任人。

第十五條　經公司營運部審查申訴材料屬實或處罰偏重時，及時知會總部督導部，並協調處理，當意見不一致時由運營中心責任人對該處罰予以判定如何解決。

# 三、直營店績效考核管理制度

## 第一章　總則

**第一條　績效考核目的**

1.本方案旨在公司加強對各直營店考核工作的指導、監督和管理，統一和規範地推行直營店以及員工的績效考核工作，保證和促進各直營店績效考核工作的順利進行。

2.本方案旨在建立公司統一的績效考核體系。績效考核體系通過設定針對性的績效考核指標、客觀的考核標準和動態考核方式，衡量員工的工作業績，反映員工對組織的價值貢獻；通過將績效考核結果與崗位績效工資以及獎金掛鉤，對員工進行有效激勵；績效考核結果為員工崗位晉升與培訓方案設計提供依據，從而促進公司人力資源管理工作的科學化、公正化，進一步激發員工的積極性和創造性，逐步提高各直營店整體業績水準。

3.績效考核可使各級管理者明確瞭解下屬的工作狀況，使公司充分瞭解各直營店的人力資源狀況，並據此進行科學決策，保證公司人力資源發展戰略目標的實現。

**第二條　績效考核用途**

1.瞭解員工對組織的業績貢獻；

2.為員工薪酬發放提供依據；

3.提高員工對公司的滿意度；

4.瞭解員工和部門對培訓的需求；

5.指導公司人力資源的配置；

6.為員工的晉升、降職、調職和離職提供依據；

7.為人力資源規劃提供基礎信息。

第三條　績效考核原則

1.互動原則：考核指標、考核標準的制定是通過協商和討論完成的，考核過程是管理者和員工的互動過程。

2.客觀性原則：用事實說話，切忌主觀武斷和缺乏事實依據。

3.回饋原則：考核者在對被考核者進行績效考核的過程中，需要把考核結果回饋給被考核者，同時聽取被考核者對考核結果的意見，對考核結果存在的問題及時進行修正或做出合理解釋。

4.公正原則：績效考核是針對工作進行的考核，應就事論事而不可將與工作無關的因素帶入考核工作。

5.時效性原則：績效考核是對考核期內工作成果的綜合評價，不應將本考核期之前的行為強加於本次的考核結果中，也不能取近期的業績或比較突出的一兩個成果來代替整個考核期的業績。

6.目標管理：公司對直營店實行以目標管理為基礎的績效管理，每個季、年由績效考核委員會對直營店提出銷售額、毛利、損耗等指標，並把經營目標層層分解到各部、組，季末根據各直營店、部門、組的實際經營業績，逐級進行考核。

第四條　公司成立直營店績效考核委員會，人力資源部負責績效考核的組織實施工作。直營店績效考核委員會成員如下：

1.主任：常務副總經理；

2.秘書長：財務部部長；

3.副秘書長：人力資源部部長；

4.委員：人力資源部部長、財務部部長、營運部部長、辦公室主任以及其他企業管理委員會成員。

第五條　績效考核委員會職責

1.負責組織召開季績效考核工作會議，參加會議人員為績效考核委員會全體成員以及各直營店店長；

2.負責建立、完善公司直營店績效考核方案；

3.負責對各直營店、店長的季、年績效考核修訂進行審批；

4.負責制定各直營店的季、年經營目標；

5.負責指導各直營店分解經營目標（銷售額、毛利、損耗）並批准監督執行；

6.負責對各直營店、店長季績效考核結果進行審批；

7.監督考核實施過程並負責處理考核中出現的重大突發事件；

8.負責對各直營店店長進行年綜合測評；

9.對各直營店、店長的績效考核結果有最終決定權。

第六條　人力資源部職責

人力資源部是各直營店績效考核工作的執行機構，負責各直營店的績效考核組織實施工作，具體工作包括：

1.負責擬定直營店績效考核方案並報績效考核委員會；

2.負責定期修訂各直營店、店長的績效考核指標、各指標權重等，並報績效考核委員會批准；

3.負責組織修改直營店除店長外各崗位績效考核指標、各指標權重、指標說明等；

4.負責指導、監督、仲裁直營店績效考核工作；

5.負責組織直營店、店長季績效考核工作；

6.負責批准直營店除店長外各崗位績效考核結果；

7.負責將各直營店、店長的績效考核結果保存備案；

8.負責處理績效考核過程中員工申訴事宜，確保績效考核工作公平、公正、公開；

9.負責將直營店店部、店長的績效考核結果保存備案。

**第七條　各直營店職責**

各直營店負責績效考核的實施工作，具體包括：

1.負責定期把本店的經營指標分解到各部門、各小組；

2.負責對各部門、各小組成員進行績效考核；

3.負責將各崗位考核結果統一保存備案。

**第八條**　本方案適用於考核公司各直營店正式聘用的所有崗位員工，但不適用於以下員工：

1.試用期員工；

2.臨時工；

3.促銷人員；

4.考核期間休假停職時間超過 1/2 考核期者；

5.其他績效考核委員會認定無需考核的人員。

**第九條**　本考核體系適用於常規性績效考核工作，不適用於臨時性考核或其他非常規考核。

**第十條**　對於各直營店、店長以及各部門、小組實行目標管理，各直營店的經營目標(季、年)由績效考核委員會制定，各部門、小組的經營目標由店長進行分解制定，並經績效管理委員會批准。

## 第二章　績效考核體系構成

**第十一條**　績效考核體系由考核週期、績效考核內容、績效考

核者、被考核者等方面組成：

1.績效考核體系是由一組既獨立又相互關聯，並能較完整地表達評價要求的考核指標組成的評價系統；績效考核體系的建立，有利於評價員工的工作狀況，是進行員工考核工作的基礎，也是保證考核結果準確、合理的重要因素。

2.考核指標是能夠反映目標完成情況、工作態度、工作能力等的指標，是績效考核體系的基本單位。

第十二條 公司績效考核週期分為季考核、年考核、不定期考核。

1.對直營店進行季考核、年考核；

2.對店長進行季考核、年考核；

3.對實行崗位績效工資制的員工進行季考核、年考核；

4.營運部定期或不定期對各直營店進行千分考核。

第十三條 公司績效考核內容包括以下幾個方面：關鍵業績指標(KPI)、能力指標、態度指標、千分考核、綜合測評。

第十四條 KPI 即關鍵業績考核指標，代表崗位的核心責任，其確定方法是：

1.以崗位說明書為基礎，提取 2～5 個最能反映被考核者業績的評價指標作為 KPI 指標；

2.制定 KPI 應兼顧公司長期目標和短期利益的結合；

3.選擇 KPI 的原則：一是少而精，二是結果導向，三是可衡量性；

4.KPI 的制定過程是考核者與被考核者雙向溝通的過程，從項目的選擇、權重的設定、考核指標說明到目標的確定，雙方應充分溝通，特別應使被考核者全面參與指標的設置過程，從而加深對指

標的理解並承諾指標目標的完成；

5.人力資源部每年根據公司發展戰略和重點，組織各直營店對考核指標進行討論，重新確定各直營店、店長的關鍵業績考核指標，並將討論結果提交績效考核工作委員會，審批通過後作為下一年的考核依據；

6.人力資源部定期組織直營店對各崗位的季、年績效考核指標、權重等進行討論修訂，並將修改結果提交績效考核工作委員會，審批通過後作為下一年的考核依據。

第十五條　能力態度考核

1.能力考核是考核員工在崗位實際工作中具備的能力，考核者根據被考核者表現的工作能力，對被考核者做出評定；

2.工作態度是對某項工作的認知程度及為此付出的努力程度，工作態度是工作能力向工作業績轉換的橋樑，在很大程度上決定了能力向業績的轉化效果，考核者根據被考核者表現的工作態度，對被考核者做出評定。

第十六條　千分考核

1.千分考核由營運部負責組織實施，定期或不定期對各店部進行考核；

2.千分考核實行加分(扣分)並獎勵(罰款)制度，被考核者季考核指標千分考核得分根據考核期內千分考核加分(扣分)情況確定，除加分(扣分)外，千分考核還實行對直接責任人及間接責任人獎懲制度，具體細則根據其他相關規定執行。

第十七條　綜合測評

1.綜合測評是年末績效考核委員會對各直營店店長進行的綜合考核，由績效考核委員會負責組織實施；

2.綜合測評首先由店長進行述職報告，然後績效考核委員會成員根據各店長對公司的貢獻大小、工作能力、工作態度、部門團隊建設、培訓工作狀況、安全生產狀況等方面對各直營店店長進行綜合打分，統計出各店長的綜合得分。

第十八條　績效考核者負責對被考核者進行考核評價，績效考核者應熟練掌握績效考核相關表格、流程、考核方案，並與被考核者及時進行溝通，從而公平、公正地完成考核工作：

1.公司績效考核委員會：對各直營店、店長進行季考核、年考核；

2.各店店長：對本店員工進行關鍵業績指標考核、能力態度考核；

3.營運部：對各門店及各崗位人員進行千分考核。

第十九條　被考核者：各直營店、店長以及其他崗位員工。

## 第三章　績效考核內容及權重

第二十條　績效考核評分採用能力態度單項 10 分、關鍵業績單項 100 分，總分 100 分制。

績效考核者對被考核者的關鍵業績考核指標(KPI)、能力態度指標、千分考核情況、綜合測評等進行評分。

對直營店和店長的考核，財務部、營運部負責提供相關數據，人力資源部負責統計計算，考核結果經績效考核委員會批准；對於其他崗位的考核，財務部負責提供相關數據，店長負責本店部員工考核統計計算，並匯總考核結果經人力資源部批准。

第二十一條　季績效考核

直營店以及各崗位季績效考核內容和權重如表 17-1 所示：

### 表 17-1　季考核內容及權重

| 被考核者 | 考核週期 | 考核者 | 考核內容及權重 | | |
|---|---|---|---|---|---|
| | | | KPIP | 能力態度 | 千分考核 |
| 各直營店 | 季 | 績效考核委員會組織 | 100% | | |
| 店長 | 季 | 績效考核委員會組織 | 100% | | |
| 副店長 | 季 | 績效考核委員會組織 | 80% | | |
| | | 店長 | | 20% | |
| 部長級 | 季 | 店長 | 60% | 20% | 20% |
| 組長級 | 季 | 店長 | 60% | 20% | 20% |
| 員級 | 季 | 店長 | 50% | 30% | 20% |

　　**第二十二條**　各直營店的季績效考核結果等於績效考核分數除以 100。

　　**第二十三條**　店長的季考核結果根據店部級別實行強制分佈，即各自級別的店長根據績效考核得分分別排序，各級別店長考核結果為優秀、良好、中等、合格、基本合格的比例分別為 10%、20%、30%、30%、10%，其中低於 60 分者為不合格。

　　**第二十四條**　直營店支持崗位員工(店長除外)以及自製部部長季績效考核結果實行強制排序，結果為優秀、良好、中等、合格、基本合格的比例分別為 10%、20%、30%、30%、10%，其中低於 60 分者為不合格。

　　**第二十五條**　直營店業務崗位組長級以上員工(自製部門除外)季考核結果實行強制排序，結果為優秀、良好、中等、合格、基本合格的比例分別為 10%、20%、30%、30%、20%，其中低於 60 分者為不合格。

　　**第二十六條**　直營店業務崗位員級崗位員工(自製部門除外)季考核結果實行強制排序，結果為優秀、良好、中等、合格、基本合

格的比例分別為 10%、20%、30%、30%、10%，其中低於 60 分者為不合格。

**第二十七條**　直營店自製部門員工(自製部部長除外)季考核結果實行強制排序，除去考核結果為不合格的員工外，考核結果為優秀、良好、中等、合格、基本合格的比例分別為 10%、20%、30%、30%、20%，其中季人均毛利低於 3000 元的部門、組所有員工以及績效考核低於 60 分者為不合格。

**第二十八條**　年績效考核

直營店以及各崗位年績效考核內容和權重如表 17-2：

**表 17-2　年績效考核內容和權重**

| 被考核者 | 考核週期 | 考核者 | 考核內容及權重 | | |
|---|---|---|---|---|---|
| | | | KPI | 千分考核 | 綜合測評 |
| 各直營店 | 年 | 績效考核委員會組織 | 80% | 20% | |
| 店長 | 年 | 績效考核委員會組織 | 40% | 20% | 40% |
| 副店長、部長級、組長級、員級 | 年 | 店長 | 根據季績效考核結果確定 | | |

**第二十九條**　各直營店的年績效考核結果根據店部級別實行強制分佈，即各自級別的店部根據績效考核得分分別排序，各級別店部考核結果為優秀、良好、中等、合格、基本合格的比例分別為 10%、20%、30%、30%、10%，其中低於 60 分者為不合格。

**第三十條**　店長的年績效考核結果根據店部級別實行強制分佈，即各自級別的店長根據績效考核得分分別排序，各級別店長考核結果為優秀、良好、中等、合格、基本合格的比例分別由績效考核委員會根據全年公司經營業績確定，其中低於 60 分者為不合格。

**第三十一條**　副店長、部長級、組長級、員級崗位年績效考核

結果根據季績效考核結果計算，優秀 1 次計 16 分，良好 1 次計 8 分，中等 1 次計 4 分，合格 1 次計 2 分，基本合格 1 次計 1 分，不合格 1 次計 32 分；算出總分值，分值由高到低全部門強制排序，總分為負者為年終考核不合格。

第三十二條　員工(店長除外)年終考核等級分佈比例與店部的考核結果直接相關，具體數值由下表所示：

表 17-3　員工年終考核等級

| 店部考核結果 | 員工考核結果比例 | | | | | |
|---|---|---|---|---|---|---|
| | 優 | 良 | 中等 | 合格 | 基本合格 | 不合格 |
| 優秀 | 25% | 25% | 20% | 20% | 10% | 0 |
| 良好 | 20% | 25% | 20% | 20% | 15% | 0 |
| 中等 | 20% | 20% | 20% | 20% | 20% | 0 |
| 合格 | 15% | 20% | 20% | 25% | 20% | 0 |
| 基本合格 | 10% | 20% | 20% | 25% | 25% | 0 |
| 不合格 | 5% | 10% | 30% | 30% | 25% | 0 |

# 第四章　績效考核實施

## 第一節　季績效考核實施

第三十三條　店部的季績效考核指標如下：銷售(A)、毛利(B)、損耗(C)，其中銷售分解為食品銷售、非食品銷售、生鮮銷售、自製銷售，毛利分解為食品毛利、非食品毛利、生鮮毛利、自製毛利，損耗分解為食品損耗、非食品損耗。

第三十四條　店部季績效考核係數：

$$考核係數 = 1 + \frac{實際 A - 目標 A}{目標 A} \times 0.6 + \frac{實際(B-C) - 目標(B-C)}{目標(B-C)} \times 0.4$$

第三十五條　店長季績效考核分數如下式計算，考核係數根據

強制分佈確定：

$$店長季績效考核分數＝店部季績效考核係數×100$$

**第三十六條**　食品類部長、組長、理貨員季關鍵業績績效考核分數如下式計算，考核結果根據總考核分數強制分佈確定：

$$考核分數＝(1+\frac{實際 A－目標 A}{目標 A}×0.7$$

$$+\frac{實際(B—C)－目標(B—C)}{目標(B—C)}×0.3)×100$$

**第三十七條**　非食品類部長、組長、理貨員季關鍵業績績效考核分數如下式計算，考核結果根據總考核分數強制分佈確定：

$$考核分數＝(1+\frac{實際 A－目標 A}{目標 A}×0.6$$

$$+\frac{實際(B—C)－目標(B—C)}{目標(B—C)}×0.4)×100$$

**第三十八條**　生鮮類季績效考核指標為：銷售(A)、毛利(B)，生鮮類部長、組長、營業員季關鍵業績績效考核分數如下式計算，考核結果根據總考核分數強制分佈確定：

$$考核分數＝(1+\frac{實際 A－目標 A}{目標 A}×0.5+\frac{實際 B—目標 B}{目標 B}×0.5)×100$$

**第三十九條**　自製類季績效考核指標為：銷售(A)、人均毛利(B)，核算人均毛利時應該把外賣營業員分攤到菜品組或麵食組；若某組的季人均毛利低於 8000 元，則該組內所有成員的季關鍵業績考核結果為 0 分；若人均毛利高於 8000 元，部長、組長、營業員季關鍵業績績效考核係數、考核分數如下式計算，考核結果根據總考核分數強制分佈確定：

$$考核分數＝(1+\frac{實際 A－目標 A}{目標 A}×0.3+\frac{實際 B—8000}{8000}×0.7)×100$$

第四十條　生鮮自製部績效考核指標為：銷售(A)、毛利(B)、自製人均毛利(C)，生鮮自製部部長(2 級店)關鍵業績績效考核分數如下式計算，考核結果根據總考核分數強制分佈確定：

$$關鍵業績得分 = (1 + \frac{實際 A - 目標 A}{目標 A} \times 0.5 + \frac{實際 B - 目標 B}{目標 B}$$

$$\times 0.3 + \frac{實際 C - 8000}{8000} \times 0.2) \times 100$$

第四十一條　其他崗位的關鍵業績考核指標及考核標準見《一級店季績效考核表》、《二級店季績效考核表》、《三級店季績效考核表》、《四級店季績效考核表》。

第四十二條　直營店、店長季績效考核實施

1. 分發績效考核表：績效考核開始日前 3 日，績效考核委員會組織召開季績效考核工作會議，參加人員除公司績效考核委員會全體成員外，還包括各直營店店長；人力資源部向財務部發放店部及店長季績效考核表，向各直營店發放各崗位季績效考核表(可以是電子版)並說明考核注意事項；每季第 1 個工作日為績效考核開始日；

2. 績效考核結果計算：績效考核第 1～5 日，財務部負責填寫直營店和店長季績效表中的各目標值、實際完成值等數據，並計算各直營店績效考核係數和店長的績效考核得分以及強制分佈結果；

3. 績效考核結果審核：績效考核第 6 日，績效考核委員會負責審核績效考核結果，根據情況可以適當調整直營店原來設定的目標值，以保證考核的公正合理性；

4. 績效考核結果審批：績效考核第 6 日，公司總經理批准直營店、店長季績效考核結果；

5. 績效考核結果回饋：績效考核第 7 日，績效考核委員會向各直營店回饋績效考核結果；

6.店長季績效工資計算：績效考核第 7～10 日，人力資源部負責計算各店長的季績效工資。

第四十三條　副店長、部長級、組長級、業務崗位員級、支持崗位員級季績效考核實施：

1.同直營店、店長季績效考核實施流程；

2.考核數據提供：績效考核第 1～3 日，財務部負責向人力資源部和各直營店提供各店部、各部門、各組的考核指標目標值、實際完成值等財務數據；營運部負責向人力資源部和各直營店提供千分考核數據資料；各店部向人力資源部提供員工考勤數據；

3.支持崗位人員績效考核：績效考核第 1～5 日，店長對支持崗位人員進行關鍵業績、能力態度考核；

4.業務崗位人員關鍵業績考核：績效考核第 4～5 日，核算統計崗位根據財務部提供的財務數據，計算各業務崗位人員的關鍵業績得分；

5.業務崗位人員能力態度考核：績效考核第 5 日，店長對業務崗位員工進行能力態度考核；

6.績效考核結果統計計算：績效考核第 6 日，核算統計崗位對支持崗位員工(包括自製部部長，自製部門除外)、業務崗位員級(自製部門除外)、自製部門崗位員工的績效考核結果進行統計計算，並根據強制分佈規則確定各員工的考核結果等級；

7.績效考核結果審批：績效考核第 6 日，店長審批本店員工的季績效考核結果；

8.績效考核結果回饋：績效考核第 6 日，店長向員工回饋季績效考核結果；

9.績效考核結果上報：績效考核第 6 日下午 17：00 前將考核結

果上報公司人力資源部；

10.績效考核結果審批：績效考核第 7 日，績效考核委員會審批各崗位績效考核結果；

11.月績效工資的計算：績效考核第 7～12 日，人力資源部計算直營店各崗位的月績效工資，並在績效考核第 13 日前交財務部，財務部據此發放績效工資；

12.季獎金的計算：績效考核第 7～10 日，核算統計崗位計算本店各員工的季獎金數額，店長審核後報人力資源部；

13.季獎金的審批：績效考核第 11 日，績效考核委員會審批各崗位的季獎金；

14.季獎金的發放：人力資源部負責在績效考核第 13 日前將獎金數額報財務部，財務部據此發放季獎金；

15.績效考核工作總結會：績效考核第 20 日，召開績效考核季總結會議，同時通報下季績效考核目標。

## 第二節　年績效考核實施

第四十四條　店部的年關鍵業績績效考核指標如下：銷售(A)、淨利潤(E)，淨利潤＝銷售毛利－損耗－人工成本－店部租金－其他成本。

第四十五條　店部年關鍵業績績效考核分數如下式計算，考核結果根據總考核分數強制分佈確定：

$$考核分數 = (1 + \frac{實際 A - 目標 A}{目標 A} \times 0.6 + \frac{實際 E - 目標 E}{目標 E} \times 0.4) \times 100$$

第四十六條　店部年績效考核實施(店部季績效考核同時進行)

1.關鍵業績指標考核：績效考核第 1～6 日，財務部負責計算各店部的關鍵業績指標考核分數並報人力資源部；

2.千分考核：績效考核第 1〜6 日，營運部負責將各店部千分考核指標考核分數報人力資源部；

3.匯總統計：人力資源部匯總門店績效考核結果報績效考核委員會；

4.考核結果審批：績效考核委員會批准績效考核結果。

**第四十七條**　店長年績效考核實施(店長季績效考核同時進行)

1〜4 同店部年績效考核流程；

5.綜合測評：績效考核第 15〜20 日，績效考核委員會對店長進行綜合測評；

6.匯總統計：人力資源部負責匯總統計年績效考核結果；

7.考核結果審批：績效考核委員會批准績效考核結果；

8.年績效工資的計算：人力資源部負責計算年績效工資報財務部，財務部據此發放年績效工資。

**第四十八條**　副店長、部長級、組長級、員級年績效考核實施(季績效考核同時進行)

1.數據匯總：各店部匯總各崗位員工 4 個季考核結果；

2.根據本制度第二十八條規定，計算總得分；

3.根據本制度第二十九條規定，把本部門員工強制排序，得出年考核結果；

考核結果審批：人力資源部審核批准績效考核結果。

## 第三節　績效考核實施說明

**第四十九條**　考核所需信息、數據的及時、準確是績效考核工作能夠順利開展的關鍵，在公司績效考核工作中，財務部、營運部要及時提供考核所需數據。

**第五十條**　對於實行崗位績效工資制的員工，如果在考核期內

店內部換崗，其績效考核辦法如下：

1.如果到考核期結束時，該員工換崗不足 1 個月的，按照原來崗位進行績效考核；

2.如果到考核期結束時，該員工在新崗位已經超過 1 個月，則按新崗位進行績效考核。

**第五十一條** 對於實行崗位績效工資制的員工，如果在考核期內不同店部之間換崗，其績效考核辦法如下：

1.如果到考核期結束時，該員工換崗不足 1 個月的，則不進行績效考核，期間績效工資100%發放；

2.如果到考核期結束時，該員工在新崗位已經超過 1 個月，則按新崗位進行績效考核。

**第五十二條** 考核注意事項

1.人力資源部負責考核申訴事宜，並將重大情況報績效考核委員會討論決定；

2.績效考核指標需得到員工的認可，並在公司範圍內公開；

3.考核者應該經過正規的績效考核方法培訓，瞭解在考核過程中應該注意的問題，並掌握考核所需技巧；

4.建立績效考核申訴機制，績效考核委員會、人力資源部通過瞭解員工的回饋，對績效考核進行全過程監督；

5.績效考核結果在主管最終審批之前，如確認有必要進行全公司內部平衡時，各審核人、審批人可對考核結果進行適當調整，並應說明原因，但原始考核記錄、被考核者的計分，不得修正和更改。

# 第五章　績效考核結果運用

## 第一節　季績效考核結果的應用

**第五十三條** 店長季績效工資的計算

季績效工資＝崗位工資×30%×3×季績效考核係數

1.崗位工資是店長本人的崗位工資

2.個人季績效考核係數根據考核結果確定，個人考核係數和考核結果的對應關係如下表所示：

表 17-4　個人考核係數和考核結果的對應關係（一）

| 考核結果 | 優 | 良 | 中等 | 合格 | 基本合格 | 不合格 |
|---|---|---|---|---|---|---|
| 季績效考核係數 | 1.2 | 1.1 | 1.0 | 0.9 | 0.8 | 0 |

**第五十四條**　副店長、部長級、組長級、員級員工月績效工資的計算

副店長月績效工資＝工作崗位工資×40%×店部季績效考核係數

×個人季績效考核係數

部長級月績效工資＝工作崗位工資×40%×店部季績效考核係數

×個人季績效考核係數

組長級月績效工資＝工作崗位工資×30%×店部季績效考核係數

×個人季績效考核係數

員工級月績效工資＝工作崗位工資×20%×店部季績效考核係數

×個人季績效考核係數

1.崗位工資是本人的崗位工資。

2.店部季績效考核係數根據店部考核結果確定，店部季績效考核係數等於店部季績效考核等分除以 100。

3.個人季績效考核係數根據考核結果確定，個人考核係數和考核結果的對應關係為下表所示：

17-5　個人考核係數和考核結果的對應關係（二）

| 考核結果 | 優 | 良 | 中等 | 合格 | 基本合格 | 不合格 |
|---|---|---|---|---|---|---|
| 季績效考核係數 | 1.2 | 1.1 | 1.0 | 0.9 | 0.8 | 0 |

**第五十五條**　季績效考核不合格者，降 1 級崗位工資。

## 第二節　年績效考核結果的應用

**第五十六條**　店長年績效工資的計算

年績效工資＝工作崗位工資×30%×12×年績效考核係數

1.崗位工資是店長本人的崗位工資；

2.個人年績效考核係數根據考核結果確定，個人考核係數和考核結果的對應關係如下表所示：

表 17-6　個人考核係數和考核結果的對應關係（三）

| 考核結果 | 優 | 良 | 中等 | 合格 | 基本合格 | 不合格 |
|---|---|---|---|---|---|---|
| 季績效考核係數 | 1.4 | 1.2 | 1.0 | 0.8 | 0.6 | 0 |

**第五十七條**　工作崗位提升

年績效考核等級可作為公司提升員工崗位的重要依據。

**第五十八條**　工資晉級、降級

1.整體晉級、降級：年初人力資源部根據公司發展狀況以及物價水準，提出員工工資晉級或降級方案，報績效考核委員會批准後執行。

2.個別晉級、降級：年初人力資源部根據公司發展戰略重點、經營狀況、績效考核結果制定員工晉級、降級方案，報績效考核委員會批准後執行。

**第五十九條**　年績效考核不合格員工，若合約期滿，下一年公

司不再與該員工簽訂工作合約；若合約未到期，該員工轉換到其他稱職崗位或待崗，待崗發放本市最低生活保障工資，待合約期滿，公司不再與該員工簽訂工作合約。

**第六十條　員工培訓**

各直營店在年績效考核結束後 20 天內，參考績效考核所反映的員工能力素質狀況，編制年培訓需求計劃，報公司人力資源部，人力資源部編制年培訓計劃。

## 第六章　績效考核方案修訂

**第六十一條**　任何對公司考核方案有疑問的員工，均有權向績效考核委員會提出考核方案修訂提案，並以書面形式提交給人力資源部。

**第六十二條**　人力資源部負責收集、保管員工關於考核方案的修訂提案，並在季績效考核時提交績效考核委員會審議。

## 第七章　績效考核申訴

**第六十三條**　申訴條件

在績效考核過程中，員工如認為受不公平對待或對考核結果感到不滿意，可在考核期間或考核期結束 3 個工作日內，直接向人力資源部提出申訴，並填寫《績效考核申訴表》。

**第六十四條**　申訴形式

1.員工應以書面形式提交申訴報告；

2.人力資源部負責受理、記錄員工申訴。

**第六十五條**　申訴處理

1.人力資源部在與申訴人溝通後對其申訴報告進行審核；

2.因考核者對績效考核操作不規範所引起的申訴，人力資源部有權讓考核者按照規範的績效考核流程重新進行考核；

3.因被考核者對考核內容有異議所引起的申訴，人力資源部應同考核者進行溝通以解決問題，如溝通無法解決問題，則人力資源部須向績效考核委員會彙報有關情況，由績效考核委員會進行處理；

4.因考核過程中存在不公平現象所引起的申訴，由人力資源部負責進行調查，如經人力資源部確認屬實，則由績效考核委員會對績效考核者進行處理。

第六十六條　申訴回饋

人力資源部應在申訴評審完成後 2 個工作日內，將最終處理結果回饋給申訴人，如果申訴人在 10 個工作日內未向人力資源部提交要求二次評審的書面報告，人力資源部將視作申訴人接受該最終處理結果。

## 第八章　績效考核文件使用與保存

第六十七條　考核文件保存

1.店部和店長的季、年績效考核文件由人力資源部統一保管；

2.副店長、部長級、組長級、員級各崗位的季績效考核文件由各店部保管，年績效考核文件由人力資源部統一保管；

3.員工績效考核袋內考核文件按年順序排列，季考核、年考核文件再按時間順序排列。

第六十八條　績效考核文件編號方法

1.績效考核袋是指用於存放員工績效考核表的檔案袋，人力資源部以員工編號作為績效考核袋編號，公司各直營店員工績效考核編號唯一；

2.考核文件由兩部份組成，第一部份是員工編號，第二部份是資料編號；

3.資料編號依次由 2 個數字、1 個英文字母和 2 個數字編成，

頭 2 個數字表示年份，1 個英文字母表示季考核或年考核，分別以 J、N 表示，後 2 個數字表示該年第幾個考核期，例如某編號為 A001 參加季考核的員工在 2005 年第一季的考核資料編號為 A001/05J01。

第六十九條　績效考核文件保存方法

1.由人力資源部統一保管的店部、店長績效考核文件，考核結果以績效考核袋形式和電子文檔形式存檔，在聘員工考核結果原則上保存 3 年，解聘員工的考核結果保存到被考核者離職後半年止；

2.各直營店負責保管的績效考核文件，考核結果以績效考核袋形式和電子文檔形式存檔，在聘員工考核結果原則上保存 3 年，解聘員工的考核結果保存到被考核者離職後半年止；

3.在季績效考核完成後 20 天內，人力資源部和各直營店應將所有參加季考核員工的績效考核資料收集整理並完成統一編號工作；

4.在年績效考核完成後 30 天內，人力資源部和各直營店應將所有參加年考核員工的績效考核資料收集整理並完成統一編號工作；

5.人力資源部、各直營店應妥善保存員工績效考核文件，以便相關部門查閱。

第七十條　績效考核文件查閱權限

1.為便於相關員工查閱文件，績效考核文件設定查閱權限，查閱權限分為查閱和複印兩種；

2.總經理、常務副總經理有權查閱、複印直營店和店長的績效考核文件；

3.人力資源部有權查閱、複印直營店各崗位的績效考核文件；

4.店長有權查閱、複印本店各崗位的績效考核文件。

# 臺灣的核心競爭力，就在這裏！

## 圖 書 出 版 目 錄

下列圖書是由臺灣的憲業企管顧問(集團)公司所出版，秉持專業立場，特別注重實務應用，50餘位顧問師為企業界提供最專業的各種經營管理類圖書。

1. 傳播書香社會，直接向本出版社購買，一律9折優惠，郵遞費用由本公司負擔。服務電話 (02) 27622241　(03) 9310960　　傳真 (03) 9310961
2. 付款方式：請將書款轉帳到我公司下列的銀行帳戶。
   - 銀行名稱：合作金庫銀行（敦南分行）帳號：5034-717-347447
     公司名稱：憲業企管顧問有限公司
   - 郵局劃撥號碼：18410591　郵局劃撥戶名：憲業企管顧問公司
3. 圖書出版資料隨時更新，請見網站 www.bookstore99.com

### ‑‑‑‑‑‑ 經營顧問叢書 ‑‑‑‑‑‑

| | | | | | |
|---|---|---|---|---|---|
| 155 | 頂尖傳銷術 | 360 元 | 235 | 求職面試一定成功 | 360 元 |
| 160 | 各部門編制預算工作 | 360 元 | 236 | 客戶管理操作實務〈增訂二版〉 | 360 元 |
| 163 | 只為成功找方法，不為失敗找藉口 | 360 元 | 237 | 總經理如何領導成功團隊 | 360 元 |
| | | | 238 | 總經理如何熟悉財務控制 | 360 元 |
| 167 | 網路商店管理手冊 | 360 元 | 239 | 總經理如何靈活調動資金 | 360 元 |
| 168 | 生氣不如爭氣 | 360 元 | 240 | 有趣的生活經濟學 | 360 元 |
| 170 | 模仿就能成功 | 350 元 | 241 | 業務員經營轄區市場（增訂二版） | 360 元 |
| 176 | 每天進步一點點 | 350 元 | | | |
| 181 | 速度是贏利關鍵 | 360 元 | 242 | 搜索引擎行銷 | 360 元 |
| 183 | 如何識別人才 | 360 元 | 243 | 如何推動利潤中心制度（增訂二版） | 360 元 |
| 184 | 找方法解決問題 | 360 元 | | | |
| 185 | 不景氣時期，如何降低成本 | 360 元 | 244 | 經營智慧 | 360 元 |
| 186 | 營業管理疑難雜症與對策 | 360 元 | 245 | 企業危機應對實戰技巧 | 360 元 |
| 187 | 廠商掌握零售賣場的竅門 | 360 元 | 246 | 行銷總監工作指引 | 360 元 |
| 188 | 推銷之神傳世技巧 | 360 元 | 247 | 行銷總監實戰案例 | 360 元 |
| 189 | 企業經營案例解析 | 360 元 | 248 | 企業戰略執行手冊 | 360 元 |
| 191 | 豐田汽車管理模式 | 360 元 | 249 | 大客戶搖錢樹 | 360 元 |
| 192 | 企業執行力（技巧篇） | 360 元 | 250 | 企業經營計劃〈增訂二版〉 | 360 元 |
| 193 | 領導魅力 | 360 元 | 252 | 營業管理實務（增訂二版） | 360 元 |
| 198 | 銷售說服技巧 | 360 元 | 253 | 銷售部門績效考核量化指標 | 360 元 |
| 199 | 促銷工具疑難雜症與對策 | 360 元 | 254 | 員工招聘操作手冊 | 360 元 |
| 200 | 如何推動目標管理(第三版) | 390 元 | 256 | 有效溝通技巧 | 360 元 |
| 201 | 網路行銷技巧 | 360 元 | 257 | 會議手冊 | 360 元 |
| 204 | 客戶服務部工作流程 | 360 元 | 258 | 如何處理員工離職問題 | 360 元 |
| 206 | 如何鞏固客戶（增訂二版） | 360 元 | 259 | 提高工作效率 | 360 元 |
| 208 | 經濟大崩潰 | 360 元 | 261 | 員工招聘性向測試方法 | 360 元 |
| 215 | 行銷計劃書的撰寫與執行 | 360 元 | 262 | 解決問題 | 360 元 |
| 216 | 內部控制實務與案例 | 360 元 | 263 | 微利時代制勝法寶 | 360 元 |
| 217 | 透視財務分析內幕 | 360 元 | 264 | 如何拿到 VC（風險投資）的錢 | 360 元 |
| 219 | 總經理如何管理公司 | 360 元 | | | |
| 222 | 確保新產品銷售成功 | 360 元 | 267 | 促銷管理實務〈增訂五版〉 | 360 元 |
| 223 | 品牌成功關鍵步驟 | 360 元 | 268 | 顧客情報管理技巧 | 360 元 |
| 224 | 客戶服務部門績效量化指標 | 360 元 | 269 | 如何改善企業組織績效〈增訂二版〉 | 360 元 |
| 226 | 商業網站成功密碼 | 360 元 | | | |
| 228 | 經營分析 | 360 元 | 270 | 低調才是大智慧 | 360 元 |
| 229 | 產品經理手冊 | 360 元 | 272 | 主管必備的授權技巧 | 360 元 |
| 230 | 診斷改善你的企業 | 360 元 | 275 | 主管如何激勵部屬 | 360 元 |
| 232 | 電子郵件成功技巧 | 360 元 | 276 | 輕鬆擁有幽默口才 | 360 元 |
| 234 | 銷售通路管理實務〈增訂二版〉 | 360 元 | 277 | 各部門年度計劃工作（增訂二版） | 360 元 |

| 278 | 面試主考官工作實務 | 360 元 |
| 279 | 總經理重點工作（增訂二版） | 360 元 |
| 282 | 如何提高市場佔有率（增訂二版） | 360 元 |
| 283 | 財務部流程規範化管理（增訂二版） | 360 元 |
| 284 | 時間管理手冊 | 360 元 |
| 285 | 人事經理操作手冊（增訂二版） | 360 元 |
| 286 | 贏得競爭優勢的模仿戰略 | 360 元 |
| 287 | 電話推銷培訓教材（增訂三版） | 360 元 |
| 288 | 贏在細節管理（增訂二版） | 360 元 |
| 289 | 企業識別系統 CIS（增訂二版） | 360 元 |
| 290 | 部門主管手冊（增訂五版） | 360 元 |
| 291 | 財務查帳技巧（增訂二版） | 360 元 |
| 292 | 商業簡報技巧 | 360 元 |
| 293 | 業務員疑難雜症與對策（增訂二版） | 360 元 |
| 294 | 內部控制規範手冊 | 360 元 |
| 295 | 哈佛領導力課程 | 360 元 |
| 296 | 如何診斷企業財務狀況 | 360 元 |
| 297 | 營業部轄區管理規範工具書 | 360 元 |
| 298 | 售後服務手冊 | 360 元 |
| 299 | 業績倍增的銷售技巧 | 400 元 |
| 300 | 行政部流程規範化管理（增訂二版） | 400 元 |
| 301 | 如何撰寫商業計畫書 | 400 元 |
| 302 | 行銷部流程規範化管理（增訂二版） | 400 元 |
| 303 | 人力資源部流程規範化管理（增訂四版） | 420 元 |
| 304 | 生產部流程規範化管理（增訂二版） | 400 元 |
| 305 | 績效考核手冊(增訂二版) | 400 元 |
| 306 | 經銷商管理手冊(增訂四版) | 420 元 |
| 307 | 招聘作業規範手冊 | 420 元 |
| 308 | 喬·吉拉德銷售智慧 | 400 元 |
| 309 | 商品鋪貨規範工具書 | 400 元 |
| | | |

| 310 | 企業併購案例精華（增訂二版） | 420 元 |
| 311 | 客戶抱怨手冊 | 400 元 |
| 312 | 如何撰寫職位說明書（增訂二版） | 400 元 |
| 313 | 總務部門重點工作（增訂三版） | 400 元 |
| 314 | 客戶拒絕就是銷售成功的開始 | 400 元 |
| 315 | 如何選人、育人、用人、留人、辭人 | 400 元 |
| 316 | 危機管理案例精華 | 400 元 |
| 317 | 節約的都是利潤 | 400 元 |
| 318 | 企業盈利模式 | 400 元 |

## 《商店叢書》

| 18 | 店員推銷技巧 | 360 元 |
| 30 | 特許連鎖業經營技巧 | 360 元 |
| 35 | 商店標準操作流程 | 360 元 |
| 36 | 商店導購口才專業培訓 | 360 元 |
| 37 | 速食店操作手冊〈增訂二版〉 | 360 元 |
| 38 | 網路商店創業手冊〈增訂二版〉 | 360 元 |
| 40 | 商店診斷實務 | 360 元 |
| 41 | 店鋪商品管理手冊 | 360 元 |
| 42 | 店員操作手冊（增訂三版） | 360 元 |
| 43 | 如何撰寫連鎖業營運手冊〈增訂二版〉 | 360 元 |
| 44 | 店長如何提升業績〈增訂二版〉 | 360 元 |
| 45 | 向肯德基學習連鎖經營〈增訂二版〉 | 360 元 |
| 47 | 賣場如何經營會員制俱樂部 | 360 元 |
| 48 | 賣場銷量神奇交叉分析 | 360 元 |
| 49 | 商場促銷法寶 | 360 元 |
| 51 | 開店創業手冊〈增訂三版〉 | 360 元 |
| 52 | 店長操作手冊（增訂五版） | 360 元 |
| 53 | 餐飲業工作規範 | 360 元 |
| 54 | 有效的店員銷售技巧 | 360 元 |
| 55 | 如何開創連鎖體系〈增訂三版〉 | 360 元 |
| 56 | 開一家穩賺不賠的網路商店 | 360 元 |

| 57 | 連鎖業開店複製流程 | 360 元 |
|---|---|---|
| 58 | 商鋪業績提升技巧 | 360 元 |
| 59 | 店員工作規範（增訂二版） | 400 元 |
| 60 | 連鎖業加盟合約 | 400 元 |
| 61 | 架設強大的連鎖總部 | 400 元 |
| 62 | 餐飲業經營技巧 | 400 元 |
| 63 | 連鎖店操作手冊（增訂五版） | 420 元 |
| 64 | 賣場管理督導手冊 | 420 元 |
| 65 | 連鎖店督導師手冊（增訂二版） | 420 元 |

### 《工廠叢書》

| 13 | 品管員操作手冊 | 380 元 |
|---|---|---|
| 15 | 工廠設備維護手冊 | 380 元 |
| 16 | 品管圈活動指南 | 380 元 |
| 17 | 品管圈推動實務 | 380 元 |
| 20 | 如何推動提案制度 | 380 元 |
| 24 | 六西格瑪管理手冊 | 380 元 |
| 30 | 生產績效診斷與評估 | 380 元 |
| 32 | 如何藉助 IE 提升業績 | 380 元 |
| 35 | 目視管理案例大全 | 380 元 |
| 38 | 目視管理操作技巧(增訂二版) | 380 元 |
| 46 | 降低生產成本 | 380 元 |
| 47 | 物流配送績效管理 | 380 元 |
| 49 | 6S 管理必備手冊 | 380 元 |
| 51 | 透視流程改善技巧 | 380 元 |
| 55 | 企業標準化的創建與推動 | 380 元 |
| 56 | 精細化生產管理 | 380 元 |
| 57 | 品質管制手法〈增訂二版〉 | 380 元 |
| 58 | 如何改善生產績效〈增訂二版〉 | 380 元 |
| 67 | 生產訂單管理步驟〈增訂二版〉 | 380 元 |
| 68 | 打造一流的生產作業廠區 | 380 元 |
| 70 | 如何控制不良品〈增訂二版〉 | 380 元 |
| 71 | 全面消除生產浪費 | 380 元 |
| 72 | 現場工程改善應用手冊 | 380 元 |
| 75 | 生產計劃的規劃與執行 | 380 元 |
| 77 | 確保新產品開發成功（增訂四版） | 380 元 |
| 78 | 商品管理流程控制(增訂三版) | 380 元 |
| 79 | 6S 管理運作技巧 | 380 元 |

| 80 | 工廠管理標準作業流程〈增訂二版〉 | 380 元 |
|---|---|---|
| 81 | 部門績效考核的量化管理（增訂五版） | 380 元 |
| 82 | 採購管理實務〈增訂五版〉 | 380 元 |
| 83 | 品管部經理操作規範〈增訂二版〉 | 380 元 |
| 84 | 供應商管理手冊 | 380 元 |
| 85 | 採購管理工作細則〈增訂二版〉 | 380 元 |
| 86 | 如何管理倉庫（增訂七版） | 380 元 |
| 87 | 物料管理控制實務〈增訂二版〉 | 380 元 |
| 88 | 豐田現場管理技巧 | 380 元 |
| 89 | 生產現場管理實戰案例〈增訂三版〉 | 380 元 |
| 90 | 如何推動 5S 管理（增訂五版） | 420 元 |
| 92 | 生產主管操作手冊(增訂五版) | 420 元 |
| 93 | 機器設備維護管理工具書 | 420 元 |
| 94 | 如何解決工廠問題 | 420 元 |
| 95 | 採購談判與議價技巧〈增訂二版〉 | 420 元 |
| 96 | 生產訂單運作方式與變更管理 | 420 元 |

### 《醫學保健叢書》

| 1 | 9 週加強免疫能力 | 320 元 |
|---|---|---|
| 3 | 如何克服失眠 | 320 元 |
| 4 | 美麗肌膚有妙方 | 320 元 |
| 5 | 減肥瘦身一定成功 | 360 元 |
| 6 | 輕鬆懷孕手冊 | 360 元 |
| 7 | 育兒保健手冊 | 360 元 |
| 8 | 輕鬆坐月子 | 360 元 |
| 11 | 排毒養生方法 | 360 元 |
| 13 | 排除體內毒素 | 360 元 |
| 14 | 排除便秘困擾 | 360 元 |
| 15 | 維生素保健全書 | 360 元 |
| 16 | 腎臟病患者的治療與保健 | 360 元 |
| 17 | 肝病患者的治療與保健 | 360 元 |
| 18 | 糖尿病患者的治療與保健 | 360 元 |
| 19 | 高血壓患者的治療與保健 | 360 元 |
| 22 | 給老爸老媽的保健全書 | 360 元 |

| 23 | 如何降低高血壓 | 360 元 |
|---|---|---|
| 24 | 如何治療糖尿病 | 360 元 |
| 25 | 如何降低膽固醇 | 360 元 |
| 26 | 人體器官使用說明書 | 360 元 |
| 27 | 這樣喝水最健康 | 360 元 |
| 28 | 輕鬆排毒方法 | 360 元 |
| 29 | 中醫養生手冊 | 360 元 |
| 30 | 孕婦手冊 | 360 元 |
| 31 | 育兒手冊 | 360 元 |
| 32 | 幾千年的中醫養生方法 | 360 元 |
| 34 | 糖尿病治療全書 | 360 元 |
| 35 | 活到 120 歲的飲食方法 | 360 元 |
| 36 | 7 天克服便秘 | 360 元 |
| 37 | 為長壽做準備 | 360 元 |
| 39 | 拒絕三高有方法 | 360 元 |
| 40 | 一定要懷孕 | 360 元 |
| 41 | 提高免疫力可抵抗癌症 | 360 元 |
| 42 | 生男生女有技巧〈增訂三版〉 | 360 元 |

### 《培訓叢書》

| 11 | 培訓師的現場培訓技巧 | 360 元 |
|---|---|---|
| 12 | 培訓師的演講技巧 | 360 元 |
| 14 | 解決問題能力的培訓技巧 | 360 元 |
| 15 | 戶外培訓活動實施技巧 | 360 元 |
| 17 | 針對部門主管的培訓遊戲 | 360 元 |
| 20 | 銷售部門培訓遊戲 | 360 元 |
| 21 | 培訓部門經理操作手冊（增訂三版） | 360 元 |
| 22 | 企業培訓活動的破冰遊戲 | 360 元 |
| 23 | 培訓部門流程規範化管理 | 360 元 |
| 24 | 領導技巧培訓遊戲 | 360 元 |
| 25 | 企業培訓遊戲大全(增訂三版) | 360 元 |
| 26 | 提升服務品質培訓遊戲 | 360 元 |
| 27 | 執行能力培訓遊戲 | 360 元 |
| 28 | 企業如何培訓內部講師 | 360 元 |
| 29 | 培訓師手冊（增訂五版） | 420 元 |
| 30 | 團隊合作培訓遊戲(增訂三版) | 420 元 |
| 31 | 激勵員工培訓遊戲 | 420 元 |

### 《傳銷叢書》

| 4 | 傳銷致富 | 360 元 |
|---|---|---|
| 5 | 傳銷培訓課程 | 360 元 |

| 10 | 頂尖傳銷術 | 360 元 |
|---|---|---|
| 12 | 現在輪到你成功 | 350 元 |
| 13 | 鑽石傳銷商培訓手冊 | 350 元 |
| 14 | 傳銷皇帝的激勵技巧 | 360 元 |
| 15 | 傳銷皇帝的溝通技巧 | 360 元 |
| 19 | 傳銷分享會運作範例 | 360 元 |
| 20 | 傳銷成功技巧（增訂五版） | 400 元 |
| 21 | 傳銷領袖（增訂二版） | 400 元 |
| 22 | 傳銷話術 | 400 元 |

### 《幼兒培育叢書》

| 1 | 如何培育傑出子女 | 360 元 |
|---|---|---|
| 2 | 培育財富子女 | 360 元 |
| 3 | 如何激發孩子的學習潛能 | 360 元 |
| 4 | 鼓勵孩子 | 360 元 |
| 5 | 別溺愛孩子 | 360 元 |
| 6 | 孩子考第一名 | 360 元 |
| 7 | 父母要如何與孩子溝通 | 360 元 |
| 8 | 父母要如何培養孩子的好習慣 | 360 元 |
| 9 | 父母要如何激發孩子學習潛能 | 360 元 |
| 10 | 如何讓孩子變得堅強自信 | 360 元 |

### 《成功叢書》

| 1 | 猶太富翁經商智慧 | 360 元 |
|---|---|---|
| 2 | 致富鑽石法則 | 360 元 |
| 3 | 發現財富密碼 | 360 元 |

### 《企業傳記叢書》

| 1 | 零售巨人沃爾瑪 | 360 元 |
|---|---|---|
| 2 | 大型企業失敗啟示錄 | 360 元 |
| 3 | 企業併購始祖洛克菲勒 | 360 元 |
| 4 | 透視戴爾經營技巧 | 360 元 |
| 5 | 亞馬遜網路書店傳奇 | 360 元 |
| 6 | 動物智慧的企業競爭啟示 | 320 元 |
| 7 | CEO 拯救企業 | 360 元 |
| 8 | 世界首富　宜家王國 | 360 元 |
| 9 | 航空巨人波音傳奇 | 360 元 |
| 10 | 傳媒併購大亨 | 360 元 |

### 《智慧叢書》

| 1 | 禪的智慧 | 360 元 |
|---|---|---|
| 2 | 生活禪 | 360 元 |
| 3 | 易經的智慧 | 360 元 |
| 4 | 禪的管理大智慧 | 360 元 |

| 5 | 改變命運的人生智慧 | 360 元 |
|---|---|---|
| 6 | 如何吸取中庸智慧 | 360 元 |
| 7 | 如何吸取老子智慧 | 360 元 |
| 8 | 如何吸取易經智慧 | 360 元 |
| 9 | 經濟大崩潰 | 360 元 |
| 10 | 有趣的生活經濟學 | 360 元 |
| 11 | 低調才是大智慧 | 360 元 |

### 《DIY 叢書》

| 1 | 居家節約竅門 DIY | 360 元 |
|---|---|---|
| 2 | 愛護汽車 DIY | 360 元 |
| 3 | 現代居家風水 DIY | 360 元 |
| 4 | 居家收納整理 DIY | 360 元 |
| 5 | 廚房竅門 DIY | 360 元 |
| 6 | 家庭裝修 DIY | 360 元 |
| 7 | 省油大作戰 | 360 元 |

### 《財務管理叢書》

| 1 | 如何編制部門年度預算 | 360 元 |
|---|---|---|
| 2 | 財務查帳技巧 | 360 元 |
| 3 | 財務經理手冊 | 360 元 |
| 4 | 財務診斷技巧 | 360 元 |
| 5 | 內部控制實務 | 360 元 |
| 6 | 財務管理制度化 | 360 元 |
| 8 | 財務部流程規範化管理 | 360 元 |
| 9 | 如何推動利潤中心制度 | 360 元 |

為方便讀者選購，本公司將一部分上述圖書又加以專門分類如下：

### 《主管叢書》

| 1 | 部門主管手冊（增訂五版） | 360 元 |
|---|---|---|
| 2 | 總經理行動手冊 | 360 元 |
| 4 | 生產主管操作手冊（增訂五版） | 420 元 |
| 5 | 店長操作手冊（增訂五版） | 360 元 |
| 6 | 財務經理手冊 | 360 元 |
| 7 | 人事經理操作手冊 | 360 元 |
| 8 | 行銷總監工作指引 | 360 元 |
| 9 | 行銷總監實戰案例 | 360 元 |

### 《總經理叢書》

| 1 | 總經理如何經營公司(增訂二版) | 360 元 |
|---|---|---|
| 2 | 總經理如何管理公司 | 360 元 |
| 3 | 總經理如何領導成功團隊 | 360 元 |

| 4 | 總經理如何熟悉財務控制 | 360 元 |
|---|---|---|
| 5 | 總經理如何靈活調動資金 | 360 元 |

### 《人事管理叢書》

| 1 | 人事經理操作手冊 | 360 元 |
|---|---|---|
| 2 | 員工招聘操作手冊 | 360 元 |
| 3 | 員工招聘性向測試方法 | 360 元 |
| 5 | 總務部門重點工作 | 360 元 |
| 6 | 如何識別人才 | 360 元 |
| 7 | 如何處理員工離職問題 | 360 元 |
| 8 | 人力資源部流程規範化管理（增訂四版） | 420 元 |
| 9 | 面試主考官工作實務 | 360 元 |
| 10 | 主管如何激勵部屬 | 360 元 |
| 11 | 主管必備的授權技巧 | 360 元 |
| 12 | 部門主管手冊（增訂五版） | 360 元 |

### 《理財叢書》

| 1 | 巴菲特股票投資忠告 | 360 元 |
|---|---|---|
| 2 | 受益一生的投資理財 | 360 元 |
| 3 | 終身理財計劃 | 360 元 |
| 4 | 如何投資黃金 | 360 元 |
| 5 | 巴菲特投資必贏技巧 | 360 元 |
| 6 | 投資基金賺錢方法 | 360 元 |
| 7 | 索羅斯的基金投資必贏忠告 | 360 元 |
| 8 | 巴菲特為何投資比亞迪 | 360 元 |

### 《網路行銷叢書》

| 1 | 網路商店創業手冊〈增訂二版〉 | 360 元 |
|---|---|---|
| 2 | 網路商店管理手冊 | 360 元 |
| 3 | 網路行銷技巧 | 360 元 |
| 4 | 商業網站成功密碼 | 360 元 |
| 5 | 電子郵件成功技巧 | 360 元 |
| 6 | 搜索引擎行銷 | 360 元 |

### 《企業計劃叢書》

| 1 | 企業經營計劃〈增訂二版〉 | 360 元 |
|---|---|---|
| 2 | 各部門年度計劃工作 | 360 元 |
| 3 | 各部門編制預算工作 | 360 元 |
| 4 | 經營分析 | 360 元 |
| 5 | 企業戰略執行手冊 | 360 元 |

# 在海外出差的………
# 台灣上班族

　　愈來愈多的台灣上班族，到海外工作（或海外出差），對工作的努力與敬業，是台灣上班族的核心競爭力；一個明顯的例子，返台休假期間，台灣上班族都會抽空再買書，設法充實自身專業能力。

　　[憲業企管顧問公司]以專業立場，為企業界提供最專業的各種經營管理類圖書。

　　85%的台灣上班族都曾經有過購買（或閱讀）[憲業企管顧問公司]所出版的各種企管圖書。

　　建議你：工作之餘要多看書，加強競爭力。

# 建立企業圖書館

當市場競爭激烈時：

# 培訓員工，強化員工競爭力
# 是企業最佳對策

「人才」是企業最大的財富。如何提升人才，是企業永續經營、戰勝對手的核心競爭力。積極培訓公司內部員工，是經濟不景氣時期的最佳戰略，而最快速的具體作法，就是「建立企業內部圖書館，鼓勵員工多閱讀、多進修專業書籍」

建議您：請一次購足本公司所出版各種經營管理類圖書，作為貴公司內部員工培訓圖書。使用率高的（例如「贏在細節管理」），準備3本；使用率低的（例如「工廠設備維護手冊」），只買1本。

商店叢書 ⑥⑤　　　　　　　　　售價：420 元

# 連鎖店督導師手冊（增訂二版）

西元二〇一五年十一月　　　　　　　　增訂二版一刷


編輯指導：黃憲仁

編著：宋經緯　黃憲仁

策劃：麥可國際出版有限公司（新加坡）

編輯：蕭玲

校對：劉飛娟

發行人：黃憲仁

發行所：憲業企管顧問有限公司

電話：(02) 2762-2241　（03）9310960　　0930872873

電子郵件聯絡信箱：huang2838@yahoo.com.tw

銀行 ATM 轉帳：合作金庫銀行　　帳號：5034-717-347447

郵政劃撥：18410591　　憲業企管顧問有限公司

江祖平律師顧問：紙品書、數位書著作權與版權均歸本公司所有

登記證：行政業新聞局版台業字第 6380 號

**本公司徵求海外版權出版代理商（0930872873）**

本圖書是由憲業企管顧問（集團）公司所出版，以專業立場，為企業界提供最專業的各種經營管理類圖書。

圖書編號 ISBN：978-986-369-030-6